essentials

essentials liefern aktuelles Wissen in konzentrierter Form. Die Essenz dessen, worauf es als „State-of-the-Art" in der gegenwärtigen Fachdiskussion oder in der Praxis ankommt. *essentials* informieren schnell, unkompliziert und verständlich

- als Einführung in ein aktuelles Thema aus Ihrem Fachgebiet
- als Einstieg in ein für Sie noch unbekanntes Themenfeld
- als Einblick, um zum Thema mitreden zu können

Die Bücher in elektronischer und gedruckter Form bringen das Expertenwissen von Springer-Fachautoren kompakt zur Darstellung. Sie sind besonders für die Nutzung als eBook auf Tablet-PCs, eBook-Readern und Smartphones geeignet. *essentials:* Wissensbausteine aus den Wirtschafts-, Sozial- und Geisteswissenschaften, aus Technik und Naturwissenschaften sowie aus Medizin, Psychologie und Gesundheitsberufen. Von renommierten Autoren aller Springer-Verlagsmarken.

Weitere Bände in der Reihe http://www.springer.com/series/13088

Helmut Günther · Volker Müller

Doppler-Effekt und Rotverschiebung

Klassische Theorie und Einsteinsche Effekte

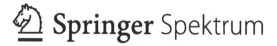 Springer Spektrum

Helmut Günther
Berlin, Deutschland

Volker Müller
Potsdam, Deutschland

ISSN 2197-6708   ISSN 2197-6716   (electronic)
essentials
ISBN 978-3-658-32335-6   ISBN 978-3-658-32336-3   (eBook)
https://doi.org/10.1007/978-3-658-32336-3

Die Deutsche Nationalbibliothek verzeichnet diese Publikation in der Deutschen Nationalbiblio-
grafie; detaillierte bibliografische Daten sind im Internet über http://dnb.d-nb.de abrufbar.

Planung/Lektorat: Margit Maly
Springer Spektrum ist ein Imprint der eingetragenen Gesellschaft Springer Fachmedien
Wiesbaden GmbH und ist ein Teil von Springer Nature.
Die Anschrift der Gesellschaft ist: Abraham-Lincoln-Str. 46, 65189 Wiesbaden, Germany

Was Sie in diesem *essential* finden können

- In Abhängigkeit von der Bewegung zwischen Sender und Empfänger erklären wir für den Schall und das Licht die empfangenen Frequenzen.
- Wir finden heraus, warum wir dabei für den Schall auf das Trägermedium der Wellen schließen können, nicht aber beim Licht.
- Wir erklären den Effekt der gravitativen Rotverschiebung auf der Erde, in Spektren der Sonne und bei Schwarzen Löchern.
- Wir zeigen, welche Rolle die Expansion des Universums für die Frequenz der Lichtwellen spielt, die uns von entfernten Galaxien erreichen.
- Wir erläutern Effekte der Speziellen und der Allgemeinen Relativitätstheorie und lernen sie dabei kennen.

Christian Andreas Doppler,
* Salzburg 29. 11. 1803,
† Venedig 17. 03. 1853.

Portrait Christian Doppler, nach einer Arbeit von
Christina Günther, Berlin, 2020, Mischtechnik.

Christian Doppler: "Die lohnendsten
Forschungen sind diejenigen, welche,
indem sie den Denker erfreu'n, zugleich
der Menschheit nötzen."

Handschrift aus der Doppler-
Forschungs- und Gedenkstätte Salzburg.

Vorwort

Christian Dopplers Entdeckung des nach ihm benannten Effektes ist einzigartig, es gab dafür keine Vorläufer. Die Anwendungen sind breit gefächert, von der sog. Doppler-Sonographie in der Medizin zur Diagnose der Strömungsgeschwindigkeit des Blutes, für Radarmessung von Geschwindigkeiten zur Feststellung von Verkehrssündern, für Navigationsverfahren in der Luftfahrt, zur Positionsbestimmung von Satelliten, bei der Analyse von Spektrallinien, um nur einiges aufzuzählen. Kaum einer, der diesen Effekt nicht schon beobachtet hat.

In dem Moment, in dem ein Feuerwehrwagen an uns vorbeifährt, wird der Signalton deutlich tiefer. Noch eindrucksvoller ist diese Beobachtung, wenn die Formel-1-Wagen an uns vorbeirasen, wobei die Tonlage der Motorengeräusche deutlich abfällt. Der Effekt ist um so größer, je schneller das Auto fährt.

Das ist der Doppler-Effekt: Er beschreibt eine Abhängigkeit der empfangenen Frequenz von der Bewegung zwischen Sender und Empfänger. Dabei macht es in der klassischen Physik einen Unterschied, ob sich der Sender bewegt und der Empfänger ruht oder umgekehrt. Das kann man dazu ausnutzen, um den Bewegungszustand des übertragenden Mediums, also z. B. der Luft, zu bestimmen.

Der Doppler-Effekt gilt für alle Wellenbewegungen, also auch für das Licht. Ein vermeintliches Trägermedium für Lichtwellen gibt es jedoch nicht. Das wird durch eine der spektakulären Aussagen der Speziellen Relativitätstheorie erklärt: Eine bewegte Uhr geht nach. Als eine Konsequenz hängt der Doppler-Effekt für Lichtwellen allein von der Relativgeschwindigkeit zwischen Sender und Empfänger ab. Analog zum Schall führt dies zu einer Frequenzminderung bei einer Entfernung des Senders vom Empfänger. Beim Licht ist das eine Rotverschiebung der Spektrallinien. Für kompakte Erklärungen der Begriffe s. Günther und Müller (2019).

Es gibt zwei weitere physikalische Gründe für eine Rotverschiebung. Indem man die Zahl der Schwingungen pro Sekunde zählt, stellen Frequenzen natürliche Uhren dar. Nach der Allgemeinen Relativitätstheorie wird der Gang einer Uhr ferner durch ein Schwerefeld geändert. Bei Uhren von Astronauten, die in einem geostationären Orbit um die Erde geflogen sind, konnte dieser Effekt nach der Landung gemessen werden. Im Schwerefeld schwingen die Lichtwellen langsamer. Wir messen eine Rotverschiebung der Spektrallinien, die der Änderung der Frequenz infolge einer Relativbewegung zwischen Sender und Empfänger überlagert ist. Im extremen Fall von Schwarzen Löchern werden die Spektrallinien unendlich rotverschoben, es gibt einen Ereignishorizont.

Ferner gibt es eine Rotverschiebung der Spektrallinien infolge der Expansion des Universums. Diese wächst mit zunehmender Entfernung und kann nach dem Hubble-Gesetz zur Entfernungsbestimmung von Galaxien benutzt werden. Aus den zusätzlichen radialen Geschwindigkeiten der Galaxien können wir die durch die Schwerkraft der kosmischen Materieverteilung verursachten Strömungsfelder erschließen. Diese sind direkt messbar durch die Bewegung gegen das universelle Ruhsystem, das durch die kosmologische Hintergrundstrahlung definiert wird. Diese 3K-Strahlung und die Hubble-Expansion weisen auf einen extrem heißen und dichten Frühzustand des Kosmos hin, für den sich der Begriff Urknall eingebürgert hat, mit einer in der Grenze unendlichen Rotverschiebung. Für eine elementare Einführung in die Gravitationstheorie s. Günther und Müller (2015).

Wir wenden uns in diesem Buch an die gymnasiale Oberstufe, Schüler, Lehrer und Studenten.

Berlin   Helmut Günther
Potsdam   Volker Müller
September 2020

Die Originalversion dieses Buches wurde auf Seite VII ohne Angaben des Autors der Abbildung veröffentlicht. Diese Informationen wurden jetzt ergänzt.

Inhaltsverzeichnis

Die Parameter der Wellenbewegung

1

Wir wollen Bewegungen beschreiben, auch die Bewegungen von Messinstrumenten, die Ausbreitung von Schallwellen und Lichtwellen. Bewegung eines Körpers ist immer die Bewegung in Bezug auf einen anderen Körper oder eine Anordnung von Körpern, ein Bezugssystem. Im einfachsten Fall reicht es aus, wenn wir dafür unser Laboratorium nehmen, wo wir Maßstäbe und Uhren haben, mit denen wir Bewegungen messen können. Bezugssysteme, in denen ein Körper in Ruhe oder in gleichförmiger Bewegung verharrt, solange keine Kräfte auf ihn einwirken, heißen in der Physik Trägheitssystem oder auch Inertialsysteme. In erster Näherung erfüllt unser Laboratorium diese Bedingung. Von einer Ecke aus können wir die zueinander rechtwinkligen Koordinatenachsen wählen, auf denen wir mit einem Meterstab die Einheiten abtragen. Und wir versorgen uns mit hinreichend präzise gehenden Uhren für die Messung von Zeiten. Wir verschaffen uns hinreichend viele solcher Uhren, von denen wir annehmen, dass sie dieselbe Bauart haben und verteilen sie über den Raum, sodass wir an jeder Stelle auch die Zeit messen können.

Mit der zeitlichen Ordnung von Ereignissen müssen wir indessen vorsichtig sein. Wir müssen die an den verschiedenen Orten befindlichen Uhren „zeitgleich" anstellen, *synchronisieren* sagt man.

Nun kommt aber ein Problem. Wir setzen die Uhren zuerst alle am Koordinatenursprung in Gang und verteilen sie danach über den Raum. Hier stellte nun Einstein seine berühmte Frage, die der Ursprung für seine ganze Spezielle Relativitätstheorie war und ein Umdenken in der Physik eingeleitet hat, nämlich, woher nehmen wir denn die Gewissheit, dass „der Bewegungszustand einer Uhr ohne Einfluss auf ihren Gang sei", sodass eine Einstellung der Uhren vor ihrer Verteilung über den Raum danach nichts mehr wert wäre, siehe z. B. in Einstein (2009). Innerhalb der klassischen Physik bleibt dies ohne Belang, sodass diese Frage auch zunächst große Verwunderung ausgelöst hat. Wir werden diese Frage dann aber in Kap. 3

© Der/die Autor(en), exklusiv lizenziert durch Springer Fachmedien Wiesbaden GmbH, ein Teil von Springer Nature 2020
H. Günther and V. Müller, *Doppler-Effekt und Rotverschiebung*, essentials,
https://doi.org/10.1007/978-3-658-32336-3_1

berücksichtigen müssen und in Kap. 4 noch einmal vertiefen, wenn wir nämlich nach dem Einfluss des Schwerefeldes auf den Gang einer Uhr fragen. Wir verteilen die Uhren über den Raum und synchronisieren sie danach. Dafür gibt es eine einfache Methode mithilfe der Lichtgeschwindigkeit, die wir zunächst folgendermaßen messen:

Das am Anfangspunkt A unserer Strecke l ausgesandte Lichtsignal erreicht zur Zeit t_1 den Endpunkt B und wird dort reflektiert, sodass es am Ausgangspunkt A zur Zeit t_2 ankommt. Die Lichtgeschwindigkeit hat stets denselben Wert. Daher können wir für die Geschwindigkeit c der Photonen schreiben, s. Abb. 1.1,

$$c = \frac{2l}{t_2 - t_1}. \tag{1.1}$$

Die Zeiten t_1 und t_2 werden mit ein und derselben Uhr U_A am Anfangspunkt A der Strecke gemessen. Der numerische Wert der Lichtgeschwindigkeit c beträgt

$$c = 299\,792\,458\,\mathrm{ms}^{-1}. \qquad \text{Vakuum-Lichtgeschwindigkeit} \tag{1.2}$$

Diese Geschwindigkeit c der Photonen ist unabhängig vom Bewegungszustand der emittierenden Quelle. Mit der so bestimmten Geschwindigkeit c der Photonen im Vakuum können nun alle im Raum verteilten Uhren synchronisiert werden. Die Uhr U_B läuft mit der Uhr U_A synchron, wenn sie bei der Ankunft des Signals die Zeigerstellung t_s hat,

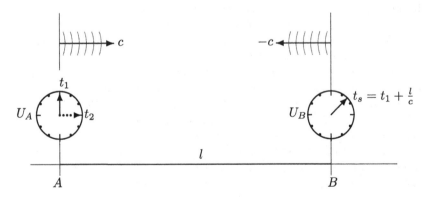

Abb. 1.1 Messung der Lichtgeschwindigkeit

$$t_s = t_1 + \frac{l}{c}. \qquad \text{Vorschrift zur Synchronisation der Uhren} \quad (1.3)$$

Damit können wir überall im Raum Längen und Zeiten und Geschwindigkeiten messen, s. auch Günther und Müller (2019).

Bei Wellen pflanzen sich Schwingungen fort, ohne dass die schwingenden Objekte selber transportiert werden. Besonders anschaulich sind die Charakteristika von Wasserwellen, obwohl diese als Oberflächenwellen mathematisch komplizierter zu beschreiben sind. Wir werfen einen Stein ins Wasser und sehen den Abstand zweier Wellenberge, die sog. Wellenlänge λ. Die Zeit, in der ein Wellenberg auf und ab schwingt, ist die Schwingungsdauer T. Ihr Kehrwert, die Zahl der Schwingungen pro Sekunde, heißt Frequenz $\nu_E = 1/T$. Dabei pflanzt sich der Wellenberg mit einer für jede Welle charakteristischen Ausbreitungsgeschwindigkeit C fort, d. h.

$$\nu = \frac{1}{T} = \frac{C}{\lambda} \quad \text{bzw.} \quad C = \lambda \cdot \nu. \qquad (1.4)$$

Das gilt auch für Schallwellen, wo die Luftmoleküle schwingen, und für Lichtwellen mit ihren Schwingungen der elektromagnetischen Felder. Den momentanen Schwingungszustand nennt man Phase. Wir schreiben dafür ϕ. Die Größe $\omega = 2\pi \, \nu$, also das 2π-fache der Frequenz ν, heißt Kreisfrequenz.

Alle Punkte **x** im Raum, die der Gleichung

$$\mathbf{k} \cdot \mathbf{x} = \text{const} \qquad \text{Ebene im Raum} \qquad (1.5)$$

genügen, beschreiben eine Ebene, auf welcher der Vektor **k** senkrecht steht.

Die Punkte einer Welle, die denselben Schwingungszustand, dieselbe Phase ϕ besitzen, bilden die sog. Phasenfläche. Der Normalenvektor **k**, der darauf senkrecht steht, heißt Wellenvektor. Die Flächen konstanter Phase ϕ = const heißen Phasenflächen. Bei ebenen Wellen sind die Phasenflächen Ebenen und genügen der Gl. (1.5).

Die Phase ϕ wiederholt sich, wenn wir in **k**-Richtung um eine Wellenlänge fortschreiten, also $\lambda = 2\pi/|\mathbf{k}|$ und ebenso, wenn wir bei konstantem **x** eine Schwingungsdauer lang warten, also $T = 1/\nu = 2\pi/\omega$.

Anstelle von (1.5) können wir also auch schreiben

$$\omega = c \cdot k \qquad \text{bzw.} \qquad c = \frac{\omega}{k}. \qquad (1.6)$$

Eine Abhängigkeit der Ausbreitungsgeschwindigkeit einer Welle von der Frequenz heißt *Dispersion*. Es gilt dann nicht mehr der lineare Zusammenhang (1.6) zwischen ω und k. Beim Durchgang durch ein Medium zeigen Lichtwellen eine Dispersion, was insbesondere zu einer Aufspaltung der Ausbreitungsrichtungen in Abhängigkeit von der Frequenz beim Übergang zwischen optisch verschiedenen Medien führt. Die Dispersionsfreiheit der elektromagnetischen Wellen im Vakuum ist eine fundamentale Eigenschaft:

Die Ausbreitungsgeschwindigkeit elektromagnetischer Wellen im Vakuum hat für alle Frequenzen ein und demselben Wert, die Lichtgeschwindigkeit $c = \omega/k$.

Die klassische Theorie des Doppler-Effektes – Schallwellen 2

2.1 Beobachtung in Bewegungsrichtung

2.1.1 Bewegter Sender – ruhender Empfänger

Um etwas Bestimmtes vor Augen zu haben, gehen wir von der Ausbreitung von Schallwellen in der Luft aus. Das Bezugssystem, in welchem die Luft ruht, bezeichnen wir mit $\Sigma_o(x, t)$. Die Schallgeschwindigkeit wird im folgenden stets mit C bezeichnet.

Nur der Empfänger E möge nun in $\Sigma_o(x, t)$ bei einer Position $x > 0$ ruhen, während sich der Sender S mit einer Geschwindigkeit v auf jenen zubewegt. Der Sender ruht also in einem anderen Bezugssystem, das wir mit $\Sigma'(x', t')$ bezeichnen, wo wir die Koordinaten x' und die Zeiten t' messen. Dabei stimmen wir die Koordinaten und Zeiten in den beiden Bezugssystemen so ab, dass für $(x = 0, t = 0)$ in $\Sigma_o(x, t)$ auch $(x' = 0, t' = 0)$ in $\Sigma'(x', t')$ gilt. Das heißt, dass die Koordinatenursprünge der beiden Bezugssystem für $(t = t' = 0)$ zusammenfallen (Anfangsbedingungen, Abb. 2.1).

Zur Zeit $t = t' = 0$ wird der erste Wellenberg ausgesendet, wenn sich der Sender am Ort $x = x' = 0$ links vom Empfänger befindet. Nach der Zeit $t = t' = T_S$ befindet sich der erste Wellenberg am Ort $x_2 = C\,T_S$ und der Sender bei $x_1 = v\,T_S$, wo er den zweiten Wellenberg hinterherschickt. Beide trennt daher, von Σ_o aus beobachtet, eine Wellenlänge λ gemäß, vgl. Abb. 2.2,

$$\lambda = x_2 - x_1 = (C - v)\,T_S. \tag{2.1}$$

Diese Wellenberge mit dem Abstand λ laufen mit der Geschwindigkeit C auf den Empfänger zu. Der zweite trifft daher um die Zeit $T_E = \lambda/C$ später als der erste Wellenberg beim Empfänger ein, sodass jener nun eine Frequenz v_E misst gemäß

© Der/die Autor(en), exklusiv lizenziert durch Springer Fachmedien Wiesbaden GmbH, ein Teil von Springer Nature 2020
H. Günther and V. Müller, *Doppler-Effekt und Rotverschiebung*, essentials, https://doi.org/10.1007/978-3-658-32336-3_2

Abb. 2.1 Schematische
Darstellung der
Anfangsbedingung. Die
strichpunktierte Linie soll
das Zusammenfallen der
Orte anzeigen

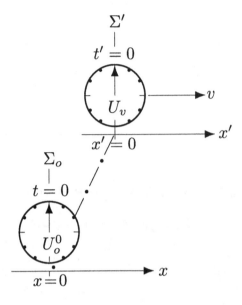

$$v_E = \frac{1}{T_E} = \frac{C}{\lambda} = \frac{C}{(C-v)\,T_S},$$

$$v_E = v_S \,\frac{1}{(1-v/C)}. \qquad \text{Doppler-Effekt bei bewegtem Sender} \quad (2.2)$$

2.1.2   Bewegter Empfänger – ruhender Sender

Jetzt möge der Sender S im Bezugssystem $\Sigma_o(x,t)$ ruhen, während der Empfänger
E in einem System $\Sigma''(x'',t'')$ bei $x'' = 0$ ruht, welches die Geschwindigkeit $-v$ in
Bezug auf Σ_o besitzt. Der Empfänger E bewegt sich also mit einer Geschwindigkeit
vom Betrag v, und zwar von rechts kommend, auf den Sender zu, Abb. 2.3.

In Σ_o betrachtet, erzeugt der Sender im Raum eine Welle der Frequenz v_S, also
mit der Wellenlänge $\lambda = C/v_S$, die in positiver x-Richtung eilt. Der Empfänger
läuft dieser Welle mit der Geschwindigkeit v entgegen, überstreicht also gemäß der

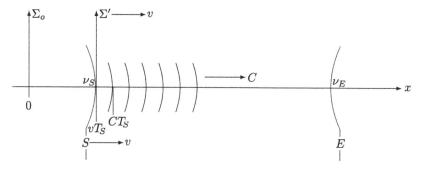

Abb. 2.2 Der Empfänger E ruht in Σ_o und der Sender S im System Σ'. Dargestellt ist der Fall $v = 0,8\,C$

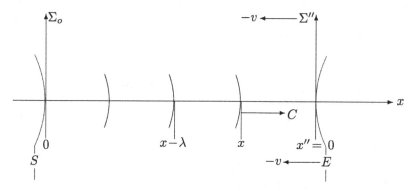

Abb. 2.3 Der Sender S ruht in Σ_o und der Empfänger E im System Σ''. Dargestellt ist wieder der Fall $|v| = 0,8\,C$

Formel (2.3),

$$w = u - v \quad \longleftrightarrow \quad u = w + v. \qquad \begin{array}{l}\text{Relativgeschwindigkeit } w \text{ zweier}\\ \text{Objekte in } einem \text{ Bezugssystem}\end{array} \qquad (2.3)$$

eine Wellenlänge mit der Gesamtgeschwindigkeit $C + v$. Die Zeit T_E, die er dafür benötigt, beträgt daher

$$T_E = \frac{\lambda}{C+v} = \frac{C}{v_S} \frac{1}{C+v} = \frac{C}{v_S} \frac{1}{C} \frac{1}{1+v/C},$$

und für die Frequenz $v_E = 1/T_E$ misst der Empfänger jetzt

$$v_E = v_S \left(1 + \frac{v}{C}\right). \text{ Doppler-Effekt bei bewegtem Empfänger} \quad (2.4)$$

Nur für $v \ll C$ stimmen die Frequenzverschiebungen (2.2) und (2.4) wegen $1/(1 - x) \approx 1 + x$ für $x \ll 1$, überein (sog. Taylorschen Näherung), wie man auch durch Einsetzen von Zahlen für x elementar nachprüfen kann. Außerhalb dieser Näherung ist die Frequenzverschiebung (2.2) für den Fall des bewegten Senders verschieden von derjenigen bei bewegtem Empfänger (2.4).

2.1.3 Experimentelle Bestimmung des Trägermediums

Wir zeigen nun, wie man im Rahmen der klassischen Raum-Zeit, bei Gültigkeit der Formeln (2.2) und (2.4) für den Doppler-Effekt bei bewegtem Sender bzw. Empfänger die Bewegung eines Trägermediums der Wellen messen kann. Ein Sender S möge per Konstruktion eine Eigenfrequenz v_S erzeugen. Ein Empfänger E sei geeignet, Frequenzen zu messen, z. B. durch Anregung von Resonatoren. Dabei ist vorausgesetzt, dass die Schwingungsdauern der die Signale gebenden bzw. empfangenden Systeme nicht von deren Geschwindigkeiten abhängen (klassische Raum-Zeit). Das uns unbekannte Ruhsystem des Trägermediums der Wellen bezeichnen wir mit Σ_0. Die Wellen breiten sich dort mit einer Geschwindigkeit C aus. Wir betrachten ferner zwei Bezugssysteme Σ' und Σ'', die in Bezug auf Σ_0 die Geschwindigkeiten v_1 bzw. v_2 besitzen mögen. Wegen des unbekannten Bewegungszustandes von Σ_0 kennen wir weder v_1 noch v_2, wohl aber die Relativgeschwindigkeit v_R,

$$v_R = v_2 - v_1. \qquad \begin{array}{l} \text{Relativgeschwindigkeit zwischen} \\ \text{den Systemen } \Sigma' \text{ und } \Sigma'' \end{array} \qquad (2.5)$$

In den Systemen Σ' und Σ'' werden wir wahlweise den Sender S und den Empfänger E stationieren, Abb. 2.4 und 2.5.

   1. Der Sender S möge sich links vom Empfänger E befinden und in Σ' ruhen. Der Empfänger soll in Σ'' ruhen, Abb. 2.4. Wir berechnen die Frequenz v_E in Abhängig-

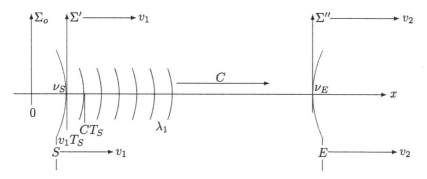

Abb. 2.4 Der Sender S und rechts davon der Empfänger E ruhen in den Systemen Σ' und Σ'' mit den unbekannten Geschwindigkeiten v_1 bzw. v_2 in Bezug auf Σ_o. Die Ausbreitungsgeschwindigkeit der Wellen in Σ_o ist C. Wegen der Geschwindigkeit v_1 entsteht in Σ_o für die gesendeten Wellen eine Wellenlänge λ_1 gemäß (2.7)

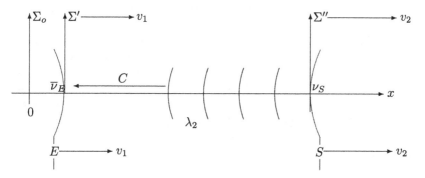

Abb. 2.5 Nun befinden sich der Empfänger E und rechts davon der Sender S in den Ruhsystemen Σ' bzw. Σ'' mit den unbekannten Geschwindigkeiten v_1 bzw. v_2 in Bezug auf Σ_o. Wegen der Geschwindigkeit v_2 entsteht in Σ_o für die gesendeten Wellen nun eine Wellenlänge λ_2 gemäß (2.9)

keit von der unbekannten Geschwindigkeit v_1, die von dem Empfänger bei dieser Konstellation gemessen wird.

Der Sender erzeugt wegen seiner Geschwindigkeit v_1 in Signalrichtung eine Welle in dem relativ zu Σ_o ruhenden Medium mit einer Wellenlänge λ_1 gemäß Gl. (2.1). Der Empfänger, der sich, wie in Abb. 2.4 skizziert, mit v_2 in Richtung der Signalausbreitung bewegt, überstreicht diese Wellenlänge mit der Geschwindigkeit $C - v_2$ und misst infolgedessen eine Frequenz ν_E gemäß

$$\nu_E = \frac{C - v_2}{\lambda_1} = \nu_S \frac{C - v_2}{C - v_1} = \nu_S \frac{C - v_R - v_1}{C - v_1}, \qquad (2.6)$$

$$\lambda_1 = (C - v_1)T_S = \frac{C - v_1}{\nu_S}. \qquad (2.7)$$

also

$$\nu_E = \nu_S \left(1 - \frac{v_R}{C - v_1} \right). \qquad \begin{array}{l} \text{Gemessene Frequenz } \nu_E \\ \text{gemäß der Anordnung in Abb. 5} \end{array} \qquad (2.8)$$

Messbar ist die Relativgeschwindigkeit v_R zwischen Empfänger E und Sender S. Unbekannt bleibt dagegen die Geschwindigkeit v_1 des Empfängers E in Bezug auf Σ_o.

2. Wir nehmen an, dass Sender und Empfänger sowohl mit identischen Sendeanlagen als auch mit identischen Empfangsstationen ausgerüstet sind.

Beide können dann per „Knopfdruck" ihre Funktionen austauschen. Danach befindet sich also der Sender S rechts vom Empfänger E. Für die Relativgeschwindigkeit v_R zwischen Sender und Empfänger gilt nach wie vor $v_R = v_2 - v_1$, nur ist jetzt v_1 die Geschwindigkeit des in Σ' ruhenden Empfängers E, und v_2 die Geschwindigkeit des in Σ'' ruhenden Senders S, Abb. 2.5. Nun erzeugt der Sender wegen seiner Geschwindigkeit v_2 gegenüber Σ_o entgegengesetzt zur Signalrichtung in dem Medium eine Welle mit der Wellenlänge λ_2, die wir aus Gl. (2.1) erhalten, wenn wir dort v durch $-v_2$ ersetzen,

$$\lambda_2 = (C + v_2)T_S = \frac{C + v_2}{\nu_S}. \qquad (2.9)$$

Der Empfänger, der sich, wie in Abb. 2.5 skizziert, mit v_1 in Richtung der Signalausbreitung bewegt, überstreicht diese Wellenlänge mit der Geschwindigkeit $C + v_1$ und misst infolgedessen eine Frequenz $\overline{\nu}_E$ gemäß

$$\overline{\nu}_E = \frac{C + v_1}{\lambda_2} = \nu_S \frac{C + v_1}{C + v_2} = \nu_S \frac{C + v_1 + v_R - v_R}{C + v_1 + v_R},$$

also

$$\overline{\nu}_E = \nu_S \left(1 - \frac{v_R}{C + v_1 + v_R} \right). \qquad \begin{array}{l} \text{Gemessene Frequenz } \overline{\nu}_E \\ \text{gemäß der Anordnung in Abb. 6} \end{array} \qquad (2.10)$$

Bei der von uns betrachteten Konstellation bedingt ein Funktionstausch von Sender und Empfänger die beiden verschiedenen Frequenzen (2.8) und (2.10). Wir addieren diese Frequenzen, setzen $v_1 = x$ und untersuchen die so entstehende Funktion $f(x)$ auf Extrema,

$$f(x) := v_E + \overline{v}_E = 2v_S - v_S\, v_R \left(\frac{1}{C-x} + \frac{1}{C+x+v_R} \right)$$

$$= 2v_S - v_S\, v_R \, \frac{2C + v_R}{C^2 - x^2 + C v_R - x v_R}.$$

Unter der Bedingung, dass weder v_1 noch v_2 die Geschwindigkeit C erreichen sollen, gilt stets $2C + v_R \neq 0$, und wir finden aus

$$f'(x) = -v_S\, v_R (2C + v_R) \, \frac{2x + v_R}{(C^2 - x^2 + C v_R - x v_R)^2} = 0$$

die Lösung

$$x = -\frac{v_R}{2}. \tag{2.11}$$

Nach elementarer Rechnung folgt aus

$$f''(x) = -v_S\, v_R (2C + v_R) \, \frac{2(C^2 - x^2 + C v_R - x v_R) + 2\,(2x + v_R)^2}{(C^2 - x^2 + C v_R - x v_R)^3}$$

an der Stelle $x = -v_R/2$, dass

$$f'' \left(-\frac{v_R}{2} \right) = - \frac{2^5 v_S\, v_R}{(2C + v_R)^3} < 0. \tag{2.12}$$

Die Funktion $f(x)$ hat also bei $x = v_1 = -v_R/2$ ein Maximum. Wegen $v_R = v_2 - v_1 = v_2 + v_R/2$ ist dann $v_2 = v_R/2$.

Die oben definierte Summe der gemessenen Frequenzen $v_E + \overline{v}_E$ erreicht also einen größten Wert, wenn bei gleichbleibender Relativgeschwindigkeit v_R zwischen den Systemen Σ' und Σ'' die Geschwindigkeit v_2 des Systems Σ'' gegenüber dem Medium gerade $v_2 = v_R/2$ beträgt und folglich die des Systems Σ' dann $v_1 = -v_R/2$ ist.

Unter Aufrechterhaltung ihrer Relativgeschwindigkeit v_R müssen wir für Sender und Empfänger also nur so lange deren Geschwindigkeiten ändern, bis wir ein

Maximum für die Frequenzsumme $\nu_E + \bar{\nu}_E$ feststellen. In der praktischen Ausführung könnte man z. B. die Bewegungen von Sender und Empfänger in Bezug auf einen Schlitten definieren und dann die Geschwindigkeit des Schlittens variieren. Auf diese Weise gelingt es, mit dem Doppler-Effekt bei Gültigkeit der Formeln (2.2) und (2.4) den Bewegungszustand des Trägermediums zu identifizieren, weil eben der Doppler-Effekt hier von der Absolutbewegung gegenüber diesem Trägermedium abhängt.

Wäre die klassische Physik mit ihren unveränderlichen Maßstäben und Uhren uneingeschränkt gültig, sodass wir die in (2.2) und (2.4) berechneten Frequenzverschiebungen auch auf Lichtwellen mit der Lichtgeschwindigkeit c anstelle der Schallgeschwindigkeit C anwenden könnten, dann ließe sich der Bewegungszustand eines Trägers dieser elektromagnetischen Wellen relativ zum Sender bzw. zum Empfänger durch optische Messungen experimentell bestimmen. Das Bezugssystem Σ_o, in welchem dieser Träger ruht, wäre dann *physikalisch* ausgezeichnet. Da die klassische Mechanik in jedem Inertialsystem gilt, würden dann in diesem und nur in diesem System Σ_o sowohl die Maxwellschen Gleichungen der Elektrodynamik gelten als auch die Gleichungen der klassischen Mechanik. Damit wäre ein absoluter Raum definiert, den man in Erwartung seiner Entdeckung *Äther* genannt, aber vergeblich gesucht hat, vgl. dazu Günther und Müller (2019).

2.2   Transversale Beobachtung

Der Empfänger möge in Σ_o ruhen und der Sender in einem System Σ', das sich, von Σ_o aus gemessen, in Richtung der positiven y-Achse bewegt. Der Sender möge aber nun in einem großen Abstand R am Empfänger vorbeifliegen, welcher die zum Zeitpunkt der kleinsten Entfernung ausgestrahlten Wellen messen soll. Dabei geht es um den sog. *transversalen* Doppler-Effekt, da nun diejenigen Wellen zur Beobachtung gelangen, die senkrecht zur Bewegungsrichtung des Senders ausgestrahlt werden, Abb. 2.6.

In einem großen Abstand soll heißen, dass die Änderung dieses Abstandes im Moment der größten Annäherung R_o, s. Abb. 2.7, während der Dauer einer Eigenschwingung des Senders einfach vernachlässigt werden kann. Der mit der Geschwindigkeit v bewegte Sender rückt während der Dauer $T_S = 1/\nu_S$ um das Stück $v\,T_S = v/\nu_S$ weiter. Gemäß den in Abb. 2.7 erklärten Bezeichnungen wird die Bedingung $L \approx R_o$ durch $v/\nu_S \ll R_o$ realisiert, denn mit der sog. Taylorschen Näherung $\sqrt{1+a} \approx 1 + a/2$ bei $a \ll 1$, die man durch Einsetzen von Zahlen leicht nachrechnet, gilt mit $a = v^2/\nu_S^2$,

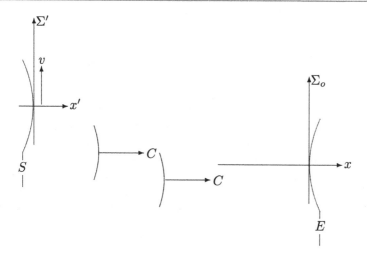

Abb. 2.6 Versuchsanordnung zum rein transversalen Doppler-Effekt

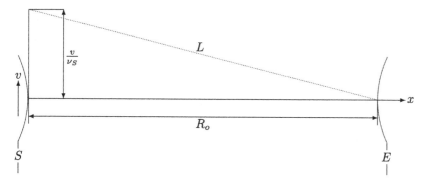

Abb. 2.7 Die Voraussetzung zur Beobachtung des rein transversalen Doppler-Effektes. Die Bedingung $L \approx R_o$ wird durch $v/\nu_S \ll R_o$ realisiert

$$L = \sqrt{R_o^2 + \frac{v^2}{\nu_S^2}} = R_o \sqrt{1 + \frac{v^2}{R_o^2 \nu_S^2}} \approx R_o \left(1 + \frac{v^2}{2R_o^2 \nu_S^2}\right) = R_o + \frac{v^2}{2R_o \nu_S^2} \approx R_o$$

für

$$\frac{v^2}{2R_o \nu_S^2} \ll R_o, \text{ also } \frac{v}{\nu_S} \ll \sqrt{2}R_o$$

und damit auch

$$L \approx R_o \text{ für } \frac{v}{v_S} \ll R_o \text{ bzw. für } \frac{v}{C} \ll \frac{R_o}{\lambda_S}. \quad \begin{array}{l} \text{Großer Abstand zwischen} \\ \text{Sender und Empfänger} \end{array} \quad (2.13)$$

Der einem ersten Wellenberg nach der Zeit T_S vom Sender hinterhergeschickte zweite Wellenberg läuft mit derselben Geschwindigkeit C wie jener und muss voraussetzungsgemäß, wenn (2.13) erfüllt ist, bis zum Empfänger auch dieselbe Entfernung R_o zurücklegen. Da wir die klassische Raum-Zeit voraussetzen, messen Sender und Empfänger für alle Ereignisse dieselbe Zeit. Folglich misst der Empfänger auch dieselbe Zeit T_S, um die der zweite Wellenberg später bei ihm ankommt als der erste, und er findet daher für die ankommenden Wellen dieselbe Frequenz, die auch der Sender ausgestrahlt hat,

$$v_E = v_S. \quad \text{Transversale Beobachtung, Schallwellen} \quad (2.14)$$

Der Doppler-Effekt für das Licht

3

3.1 Die bewegte Uhr geht nach

Die Verhältnisse der Ausbreitung des Schalles auf das Licht zu übertragen, hieße, nach einem Trägermedium für die Lichtwellen, den sog. Äther zu suchen. Das Rätsel um die jahrzehntelangen vergeblichen Bemühungen zur Entdeckung eines solchen Äthers hat Einstein im Jahr 1905 mit der Begründung seiner Speziellen Relativitätstheorie gelöst, vgl. Einstein (2009), Lorentz et al. (1958), Günther und Müller (2019), nämlich mit der Antwort auf seine Frage, woher nehmen wir denn die Gewissheit, dass „. . . der Bewegungszustand einer Uhr ohne Einfluss auf ihren Gang sei . . .“. Heute lässt sich diese Frage experimentell beantworten, wie wir das in einer schematischen Darstellung wiedergeben wollen, Abb. 3.1.

Dieses Nachgehen der bewegten Uhr U_v gegenüber den Uhren U_o, an denen sie vorbeigleitet, lautet quantitativ,

$$t' = t \sqrt{1 - v^2/c^2}. \tag{3.1}$$

Die Zeigerstellung der bewegten Uhr bleibt zurück. Diesen Umstand werden wir jetzt bei der Besprechung des Doppler-Effektes für das Licht berücksichtigen müssen. Wir bemerken noch: Nach geht immer die eine Uhr, die an zwei ruhenden Uhren vorbeigleitet. Dadurch wird die Relativität gewährleistet, vgl. Günther und Müller (2019), s. auch Günther (2020).

© Der/die Autor(en), exklusiv lizenziert durch Springer Fachmedien Wiesbaden GmbH, ein Teil von Springer Nature 2020
H. Günther and V. Müller, *Doppler-Effekt und Rotverschiebung*, essentials,
https://doi.org/10.1007/978-3-658-32336-3_3

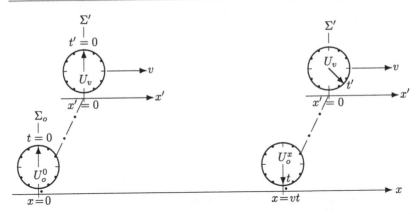

Abb. 3.1 Schematische Darstellung der Einsteinschen Zeitdilatation. Die Zeigerstellung t' der bewegten Uhr U_v bleibt hinter den Zeigerstellungen t der in Σ_o ruhenden Uhren zurück, an denen U_v vorbeigleitet. Strichpunktierte Linien verbinden Punkte, die denselben Ort darstellen

3.2   Beobachtung in Bewegungsrichtung

Bisher haben wir die relativistischen Eigenschaften der Messinstrumente außer Acht gelassen. Diese Näherung, die wir in der klassischen Raum-Zeit machen, wollen wir jetzt korrigieren. Dazu müssen wir allein das Postulat (3.1) der Zeitdilatation berücksichtigen, $t' = t \cdot \sqrt{1 - v^2/c^2}$, bzw., ausgedrückt in den dazu reziproken Schwingungsdauern T_v und T_o: $T_v = T_o/\sqrt{1 - v^2/c^2}$. Diese Formel gilt für beliebige schwingungsfähige Systeme, für die Unruh einer Armbanduhr ebenso wie für die Schwingungen einer Stimmgabel oder die zur Ausstrahlung elektromagnetischer Wellen führenden Schwingungen eines angeregten Atoms. Für die entsprechenden Frequenzen gilt dann

$$\nu_v = \nu_o \sqrt{1 - \frac{v^2}{c^2}}. \tag{3.2}$$

Hier und im folgenden ist c in jedem Fall die Lichtgeschwindigkeit.

Wir betrachten nun wieder die auch in Kap. 2 untersuchten Fälle.

3.2.1 Bewegter Sender – ruhender Empfänger

Wie in Abschn. 2.1.1 möge der Empfänger E in einem System Σ_o ruhen. Die z. B. durch Resonanz gemessene Empfangsfrequenz sei ν_E. Der Sender S ruht in Σ', bewegt sich also mit der Geschwindigkeit v in Σ_o, Abb. 2.2. In der Formel (2.1) müssen wir daher die Sendefrequenz ν_S gemäß der Zeitdilatation durch eine Frequenz ν_v gemäß (3.2) ersetzen, indem wir dort ν_S für ν_o schreiben, also $\nu_S \to \nu_S \sqrt{1 - v^2/c^2}$. Das ergibt die exakte, relativistisch korrigierte Formel für die Frequenzverschiebung, wenn der mit der Geschwindigkeit v bewegte Sender eine Welle mit der Lichtgeschwindigkeit c aussendet,

$$\nu_E = \nu_S \frac{\sqrt{1 - v^2/c^2}}{1 - v/c}.$$

also

$$\nu_E = \nu_S \sqrt{\frac{c + v}{c - v}}. \qquad \text{Elektromagnetische Wellen} \atop \text{Bewegter Sender} \qquad (3.3)$$

3.2.2 Bewegter Empfänger – ruhender Sender

Jetzt möge der Sender S in Σ_o ruhen, und wir können die Sendefrequenz ν_S in Formel (2.2) stehen lassen. Dagegen hat der Empfänger nun eine Geschwindigkeit vom Betrag v in Bezug auf Σ_o und misst nun in seinem Bezugssystem Σ'' die Frequenz ν_E, Abb. 2.3. Von Σ_o aus beobachtet, ergibt dies eine Frequenz ν_v gemäß Gl. (3.2), indem wir dort ν_o durch ν_E ersetzen. In der Formel (2.3) müssen wir daher die Empfangsfrequenz ν_E durch diese Frequenz ν_v ersetzen, d. h. $\nu_E \to \nu_E \sqrt{1 - v^2/c^2}$, sodass dann gilt

$$\nu_E \sqrt{1 - \frac{v^2}{c^2}} = \nu_S \left(1 + \frac{v}{c}\right),$$

also

$$\nu_E = \nu_S \, \frac{1 + v/c}{\sqrt{1 - v^2/c^2}} = \nu_S \, \frac{1 + v/c}{\sqrt{(1 - v/c)(1 + v/c)}},$$

$$\nu_E = \nu_S \, \sqrt{\frac{c + v}{c - v}}. \qquad \text{Elektromagnetische Wellen} \atop \text{Bewegter Empfänger} \qquad (3.4)$$

Die Formeln (3.3) und (3.4) sind nun identisch. Für elektromagnetische Wellen gibt es keinen Unterschied zwischen dem bewegten Sender und dem bewegten Empfänger. Da sich hierbei Sender und Empfänger in der Beobachtungsrichtung bewegen, heißt die Formel (3.3) auch *longitudinaler* Doppler-Effekt.

Allein die Berücksichtigung des Postulats der Zeitdilatation (3.1) führt also zu dem Schluss, dass es *unmöglich* ist, mithilfe der daraus folgenden exakten Doppler-Verschiebungen einen Bewegungszustand des Trägers der elektromagnetischen Wellen auszumachen, da nun allein die Relativgeschwindigkeit v zwischen Sender und Empfänger den Effekt bestimmt. Einstein zog den Schluss: Der Äther, das ist das Vakuum. Und für dieses Vakuum gibt es keinen Bewegungszustand. Das heißt aber noch lange nicht, dass das Vakuum keine physikalischen Eigenschaften besitzt, vgl. Einstein (2009).

3.3   Transversale Beobachtung

Wie im Fall von Abschn. 2.2 möge der Empfänger E in Σ_o ruhen. Die Empfangsfrequenz ist ν_E. Der Sender S ruht in Σ', bewegt sich also mit der Geschwindigkeit v in Bezug auf Σ_o. In der Formel (2.14) müssen wir daher wieder die Sendefrequenz ν_S durch ν_v gemäß (3.2) ersetzen mit $\nu_o = \nu_S$. Das ergibt den *transversalen Doppler-Effekt,*

$$\nu_E = \nu_S \, \sqrt{1 - \frac{v^2}{c^2}}. \qquad \text{Transversaler Doppler-Effekt für das Licht} \quad (3.5)$$

Beachten wir also die Zeitdilatation (3.1), dann gibt es im Unterschied zur klassischen Theorie des Doppler-Effektes für den Schall (2.14) eine Frequenzverschiebung bei transversaler Beobachtung. Für den Fall hoch verdichteter Materie kann aber die Schallgeschwindigkeit mit der Lichtgeschwindigkeit vergleichbar werden, s. dazu Günther und Müller (2019). Die Formel (3.5) ist nichts anderes als die in den Frequenzen ausgedrückte Zeitdilatation einer bewegten Uhr, Günther und Müller (2019).

Bei transversaler Beobachtung beschreibt der Faktor $\sqrt{1 - v^2/c^2}$ den gesamten Effekt. Bei longitudinaler Beobachtung bewirkt derselbe Faktor den Unterschied zwischen den klassischen Näherungen (2.2) und (2.4) zu der Formel für das Licht, Gl. (3.3) bzw. (3.4). Wegen $\sqrt{1 - v^2/c^2} \approx 1 - v^2/2c^2$ wird damit jede Messung einer Doppler-Verschiebung, die eine Genauigkeit der in v/c quadratischen Terme garantiert, zu einem Test der Formel (3.1) für die Zeitdilatation.

Bei dem erstmals 1938/1939 ausgeführten Experiment zur Zeitdilatation war das schwingende System ein Wasserstoffatom. Die rote Spektrallinie H_α besitzt im eigenen Ruhsystem eine Schwingungsdauer von $T_o = 2,1876 \times 10^{-15}$ s. Bewegen sich die H-Atome in Kanalstrahlen mit einer hohen Geschwindigkeit v in Bezug auf den Empfänger, so wird die Schwingungsdauer $T_v = T_o/\sqrt{1 - v^2/c^2}$ wirksam. Bei transversaler Beobachtung, senkrecht zur Bewegungsrichtung der Kanalstrahlen, ist die Doppler-Verschiebung gemäß Gl. (3.5) ein direkter Test auf die Zeitdilatation. Aus experimentellen Gründen hat man bei schrägem Einfall gemessen und dabei eine Genauigkeit erreicht, welche die Beobachtung der in v/c quadratischen Terme garantierte. Auf diese Weise konnte man die Formel (3.1) für die Zeitdilatation bestätigen. Über neuere Präzisionsexperimente zur Überprüfung der Zeitdilatation mithilfe des transversalen Doppler-Effektes vgl. Günther und Müller (2019).

3.4 Doppler-Effekt und Breite der Spektrallinien

Die Untersuchungen von Spektrallinien sind eine wichtige Informationsquelle in der Physik. Atome können durch Absorption aus einer einfallenden elektromagnetischen Strahlung in einen angeregten Zustand übergehen. Im Spektrum der Strahlung entsteht dann eine schwarze Linie. Historisch berühmt sind die Fraunhoferschen Linien, die im sichtbaren Spektrum des Sonnenlichtes beobachtet werden. Besonders bekannt ist die gelbe Natriumlinie, die aus dem Übergang von dem sog. 3 s Grundzustand in den angeregten 3p Zustand entsteht, s. z. B. Gerthsen (2015). Für die Phase ϕ einer ebenen Welle, s. Kap. 1, können wir schreiben

$$\phi(\mathbf{x},t) = \mathbf{k} \cdot \mathbf{x} - \omega t. \qquad \text{Phase einer ebenen Welle} \qquad (3.6)$$

Für die Amplitude A einer monochromatischen Wellen, die also in aller Strenge nur eine einzige Frequenz enthält, gilt dann also

$$A = A_0 \, cos(kx - \omega t), \qquad\qquad (3.7)$$

und mit (3.7) ist

$$\phi(\mathbf{x},t) = \phi\left(\mathbf{x} + \frac{2\pi\,\mathbf{k}}{|\mathbf{k}|^2},\, t\right) \quad \text{und} \quad \phi(\mathbf{x},t) = \phi\left(\mathbf{x},\, t + \frac{2\pi}{\omega}\right).$$

D. h., die Phase wiederholt sich, wenn wir bei konstantem t in $\mathbf{k}$-Richtung um eine Wellenlänge fortschreiten, also um $\lambda = 2\pi/|\mathbf{k}|$, und ebenso, wenn wir bei konstantem $\mathbf{x}$ eine Schwingungsdauer lang warten, also $T = 1/\nu = 2\pi/\omega$. Dies beschreibt also eine räumlich und zeitlich unendliche Welle, wie in Kap. 1 ausführlich beschrieben.

Ein schwingendes Atom kann aber immer nur eine Welle von endlicher Länge aussenden bzw. absorbieren, da es nur eine endliche Zeit schwingt. Eine endliche Welle kann man aus einer Überlagerung von ebenen Wellen geeigneter Amplituden aufbauen. Das Amplitudenmaximum wird durch den gesuchten Übergang (z. B. von

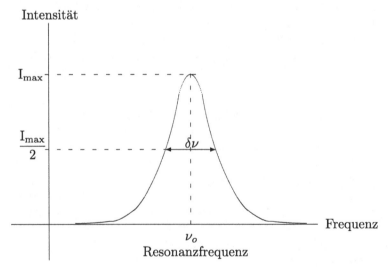

Abb. 3.2 Schematische Darstellung einer Spektrallinie mit der Halbwertsbreits $\delta\nu$

3 s nach 3p beim Natrium) bestimmt. Nach rechts und links fallen die Amplituden dann stark ab. Das begründet die sog. natürliche Linienbreite, vgl. Abb. 3.2.

Darüber hinaus hat das schwingende Atom wegen seiner thermischen Bewegung gegenüber dem Beobachter verschiedene Relativgeschwindigkeiten, die wegen des Doppler-Effektes einen ganzen Bereich von empfangenen oder emittierten Frequenzen überdecken und daher zu einer weiteren Linienverbreiterung führen, der sog. Doppler-Verbreiterung. Diesen Effekt kann man versuchen, durch Abkühlung gering zu halten. Er wird aber bei Sternlicht immer beobachtet. Für die Sonne führt das zu einer Doppler-Verbreiterung aller Absorptionslinien entsprechend der Oberflächentemperatur von 5700 K.

Die Rotverschiebung im Gravitationsfeld 4

Die konsequente Behandlung der Rotverschiebung im Gravitationsfeld erfordert die Einbeziehung von Einsteins Allgemeiner Relativitätstheorie, s. z. B. Misner, Thorne und Wheeler (1973) oder Stefani (1991). Bisher haben wir den Doppler-Effekt im schwerefeldfreien Raum betrachtet. Für Licht kam dabei die Spezielle Relativitätstheorie entscheidend ins Spiel, welche die Addition von Geschwindigkeiten modifizierte, um die beobachtete Konstanz der Lichtgeschwindigkeit unabhängig von der relativen Bewegung von Sender und Empfänger zu erklären. Wir haben uns dabei immer auf Inertialsysteme beschränkt, die sich gleichförmig relativ zueinander bewegen. Mit der Berücksichtigung von Schwerefeldern gehen wir in diesem Kapitel einen wesentlichen Schritt weiter. Lokal gelten zwar stets in frei fallenden Bezugssystemen die speziell-relativistischen Gesetze, aber wir können diese nicht mehr global für die Beschreibung von Schwerefeldern allgemeiner Massenverteilungen anwenden.

Es wird sich zeigen, dass der Doppler-Effekt in der Allgemeinen Relativitätstheorie nur eine von drei Ursachen von Rotverschiebungen darstellt. Die Beschreibung der Lichtausbreitung führt zu zwei völlig neuartigen Effekten, die nichts mehr mit dem Doppler-Effekt zu tun haben. Einerseits laufen in statischen und stationären Schwerefeldern die Uhren langsamer. Es kommt zu einer gravitativen Rotverschiebung, wenn Licht aus der Umgebung von Massen zu entfernten Empfängern in gravitationsfreien Räumen gesandt wird. In großen kosmischen Maßstäben beobachten wir dagegen Rotverschiebungen, die mit der Expansion des Kosmos zusammenhängen. Auch diese können nur in einem eingeschränkten Bereich als Doppler-Effekt gedeutet werden. Wir wenden uns zunächst dem ersten Effekt zu.

H. Günther and V. Müller, *Doppler-Effekt und Rotverschiebung*, essentials, https://doi.org/10.1007/978-3-658-32336-3_4

4.1   Die gravitative Rotverschiebung

Bei der Anwesenheit von Massen verändern sich nach Einsteins Allgemeiner Relativitätstheorie die Messungen in Raum und Zeit. Ausgangspunkt ist das Äquivalenzprinzip, d. h. die lokale Ununterscheidbarkeit von Schwerkraft und Beschleunigung. In allen Experimenten zur Dynamik von Massen im Schwerefeld wird festgestellt, dass alle Objekte unabhängig von ihrer Masse gleiche Beschleunigungen erfahren, solange sie nur der Wirkung der Gravitation und keinen anderen Kräften ausgesetzt sind. Im Grunde geht diese Beobachtung schon auf Galileo Galilei zurück, der beobachtete, das alle Körper gleich schnell den Grund erreichen, wenn sie von einem Turm aus im Erdschwerefeld fallen gelassen werden. Einstein verallgemeinerte diese Beobachtung, indem er diese auch auf das Licht anwandte und generell formulierte, dass beschleunigte Bezugssysteme und Gravitationsfelder lokal nicht zu unterscheiden sind, solange in dem Gebiet das Gravitationsfeld konstant ist.

4.1.1   Das Äquivalenzprinzip

Physikalisch bedeutet die Äquivalenz von Schwere und Beschleunigung, dass sich in *frei fallenden Bezugssystemen* keine Schwerewirkungen feststellen lassen. Das anschaulichste Beispiel dafür sind die Astronauten in ihren Raumschiffen auf dem Weg ohne Antrieb um die Erde oder auf dem Weg zum Mond. Sie bewegen sich genau wie ihre Rakete ohne Antrieb im Schwerefeld der Himmelskörper Erde, Mond und Sonne. Voraussetzung ist hier die Kleinheit des Raumschiff-Inneren, sodass dort das Schwerefeld sich als effektiv konstant erweist. Weiterhin darf die Gravitationsanziehung der Körper im Innern der Rakete keine Rolle spielen, es muss sich um sogenannte Probekörper handeln. Einstein nutzte diese Beobachtung zur Herleitung seines Schwerkraftgesetzes, der Allgemeinen Relativitätstheorie, vgl. Caroll (2014), Günther und Müller (2015).

Wir verwenden diese Äquivalenz zunächst zur Ableitung des Gesetzes der gravitativen Rotverschiebung. Wir stellen uns *zwei* Raketen vor, die im Tandem mit *konstanter Beschleunigung a* im sonst als leer angenommenen Raum fliegen, s. Abb. 4.1. Vom links nachfolgenden Raumschiff wird ein Lichtsignal emittiert, welches das vordere Raumschiff nach einer Flugstrecke x und einer Zeit $t = x/c$ erreicht. Während der Lichtlaufzeit t steigert das vordere Raumschiff seine Geschwindigkeit um den Betrag $\Delta v = at = ax/c$. Nach dem Doppler-Effekt für Geschwindigkeiten klein gegen die Lichtgeschwindigkeit $v \ll c$ wird das Lichtsignal im führenden Raumschiff mit einer Wellenlängen- und Frequenzverschiebung von

$$\frac{\Delta\lambda}{\lambda} = -\frac{\Delta\nu}{\nu} = \frac{\Delta\nu}{c} = \frac{ax}{c^2} \tag{4.1}$$

beobachtet. Hier wird bei einer positiven Beschleunigung eine Vergrößerung der Wellenlänge λ beobachtet, also eine Rotverschiebung. Da sich die Lichtsignale stets mit Lichtgeschwindigkeit ausbreiten, gilt $\lambda\nu = c$, es ist mit der Rotverschiebung also eine Frequenzabnahme $\Delta\nu$ verbunden, d. h. auch eine Abnahme der Energie der Photonen.

Betrachten wir nun den äquivalenten Fall der Lichtausbreitung im konstanten Schwerefeld g etwa der Erde. Drehen wir also die Beobachtungsrichtung um einen rechten Winkel, wie in Abb. 4.1 rechts betrachtet, und schicken ein Lichtsignal *gegen die Beschleunigung g* in einem Turm um eine Strecke x senkrecht nach oben, so beobachtet der obere Empfänger eine Wellenlängenvergrößerung um einen analogen Betrag wie in Gl. (4.1):

$$\frac{\Delta\lambda}{\lambda} = \frac{gx}{c^2}. \tag{4.2}$$

Dies ist die berühmte gravitative Rotverschiebung, die Einstein aus den Überlegungen des Äquivalenzprinzips schon bei der Ausarbeitung der Allgemeinen Relativitätstheorie mehrere Jahre vor deren endgültigen Fertigstellung abgeleitet hat. Die Lichtausbreitung im Schwerefeld nach oben entspricht dem Bild des Tandemfluges, wobei das Lichtsignal der Beschleunigung nachgesandt wird. Die gravitative Rotverschiebung entspricht einer Änderung des Gravitationspotentials Φ des vertikalen, konstanten Feldes um eine Differenz $\Delta\Phi = gx$.

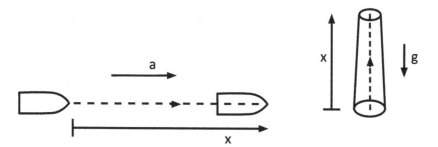

Abb. 4.1 Illustration zur gravitativen Rotverschiebung. Links: Ein Raketenpaar mit Beschleunigung a in Bewegungsrichtung und dem Lichtsignal als gestrichelte Linie. Rechts: Ein Lichtsignal im Turm wird senkrecht im Erdschwerefeld nach oben gesandt, ebenfalls gestrichelt gezeichnet

Für die Erde wird das kugelsymmetrische Gravitationsfeld durch das Potential $\Phi = -GM/r$ beschrieben, wobei G die Newtonsche Gravitationskonstante bezeichnet, M die Erdmasse und r den Abstand vom Schwerezentrum, dem Erdmittelpunkt. Wenn wir wie in Abb. 4.1 uns um eine Höhe x über der Erde erheben, so nimmt das Gravitationspotential um die Größe

$$\Delta\Phi = -\left(\frac{GM}{r+x} - \frac{GM}{r}\right) \approx \frac{d}{dr}\left(-\frac{GM}{r}\right)x = \frac{GM}{r^2}x = gx \qquad (4.3)$$

ab. Die Erdbeschleunigung ist der Gradient des Potentials, $g = GM/r^2$, und die gravitative Rotverschiebung schreibt sich schließlich mit der Änderung des Gravitationspotentials als

$$z = \frac{\Delta\lambda}{\lambda} = \frac{\Delta\Phi}{c^2}. \qquad (4.4)$$

Erstmalig gelang der Nachweis der gravitativen Rotverschiebung im Erdschwerefeld den Physikern Pound und Rebka (1960) in einer Arbeit, die den englischen Titel trägt „Apparent Weight of Photons" und die genau diese Energieabnahme von Licht bei der Ausbreitung vertikal nach oben beschreibt. Allerdings betrug diese Wellenlängenvergrößerung und Frequenzerniedrigung bei einer Turmhöhe von 10 m nur einen winzigen Betrag von $\Delta\lambda/\lambda \approx 10^{-15}$. Die Messung gelang, weil dabei eine extrem scharfe Spektrallinie verwendet wurde, die eine solche minimale Frequenzverschiebung nachweisbar werden lässt.

Größere Effekte sind für Himmelskörper zu erwarten, deren Radius r bei gegebener Massen M klein ist, wir sagen, dass die Gravitationsfelder stärker sind für kompaktere Himmelskörper. Für die Sonnenoberfläche beträgt die gravitative Rotverschiebung schon 2 Millionstel, 2×10^{-6}, sichtbares Licht von einer Wellenlänge von 500 nm wird also um etwa 10^{-3} nm rotverschoben. Allerdings sind die Spektrallinien der Sonne durch die hohe Oberflächentemperatur verbreitert (Dopplerverbreiterung, s. Abschn. 3.4). Auch werden an der Oberfläche turbulente Auf- und Abströmungen von etwa 1 km/s Geschwindigkeit beobachtet, die durch den longitudinalen Dopplereffekt (Abschn. 3.2) eine Beobachtung der gravitativen Rotverschiebung erschweren.

In der Tab. 4.1 werden die gravitativen Rotverschiebungen von den Oberflächen der Erde, der Sonne, von einem Weißen Zwergstern und von einem Neutronenstern angegeben. Die Masse der Himmelskörper wird dabei wie in der Astronomie üblich

Tab. 4.1 Gravitative Rotverschiebung

Objekt	Masse in $M_\odot$	Radius in km	Rotverschiebung z
Erdfeld	0,003	6×10^4	10^{-8}
Sonnenoberfläche	1	7×10^5	2×10^{-6}
Weißer Zwerg	1,5	10^4	2×10^{-4}
Neutronenstern	2	10	0,3
Schwarze Löcher			0,7

in Sonnenmassen $M_\odot$ gemessen, also in Einheiten von 2×10^{30} kg. Gedacht wird dabei immer an Licht, das von der Oberfläche des betreffenden Objektes zu einem weit entfernten Beobachter gesandt wird, der sich im praktisch gravitationsfreien Raum befindet. Das ist für Beobachter auf der Erde realistisch, wenn sie Spektren der Sonnen-, Zwergstern- oder Neutronensternoberfläche beobachten. Sowohl das Schwerefeld der Erde als auch das Feld der verschiedenen Himmelskörper hier auf Erde ist gegen das Schwerefeld der Himmelskörper an deren Oberfläche vernachlässigbar. Man kann sich von der Güte dieser Näherung selbst überzeugen, indem man einen Abstand von einigen Lichtjahren zu einem Weißen Zwerg oder einem Neutronenstern in das Newtonsche Gravitationsgesetz einsetzt. Diese Größenordnung ist durchaus plausibel, denn der uns nächste bekannte Weiße Zwerg hat einen Abstand von etwa 14 Lichtjahren. Für die sogenannten Schwarzen Löcher haben wir eine Rotverschiebung von etwa 0,7 angegeben, die sich für alle nichtrotierenden Schwarzen Löcher unabhängig von deren Masse für eine Quelle ergibt, die sich auf der kleinsten stabilen Kreisbahn um die Schwarzen Löcher bewegt, vgl. z. B. Günther und Müller (2019).

Die obige Formel (4.4) beschreibt die gravitative Rotverschiebung als Folge des Äquivalenzprinzips, angewandt auf das Licht im Rahmen der Newtonschen Beschreibung der Schwerkraft. Insofern sind die Gleichungen und damit die in der Tab. 4.1 berechneten Werte nur gültig für schwache Gravitationsfelder $|\Phi| \ll c^2$. Die abgeleiteten Werte sind klein gegen Eins, aber stets positiv, wenn sich Licht von Gravitationsquellen entfernt. Es wird also eine *Rotverschiebung* beobachtet. Die betragsmäßig kleinen Werte sind typisch für die meisten in der Astronomie beobachteten Phänomene der gravitativen Rotverschiebung, nicht aber für die im Abschn. 4.1.3 besprochenen Schwarzen Löcher. Dort erhalten wir für Lichtquellen, die auf das Schwarze Loch fallen, sogar unendlich rotverschobenes Licht.

Für die Ableitung dieses Resultates und für eine physikalisch genauere Beschreibung der Lichtausbreitung im Schwerefeld müssen wir unsere formale Basis erweitern und einfache Grundprinzipien der Einsteinschen Allgemeinen Relativitätstheorie heranziehen, s. Einstein (2009), Sexl und Urbantke (2008), Günther und Müller (2015) oder Fließbach (2016). Das wird uns auch helfen, im weiteren die Erscheinung der kosmologischen Rotverschiebung konsequent zu verstehen.

4.1.2 Die Lichtausbreitung im Schwerefeld

Die Frequenzverschiebung von Lichtwellen von einem beliebigen Bezugssystem im Verhältnis zu einem frei fallenden Inertialsystem ist nach Einstein eine Änderung des Zeitablaufs, gemessen von beliebigen Uhren. Dahinter steht die Definition einer physikalischen Zeit durch Abzählung der Zahl der Ausschläge eines periodischen Vorgangs, den wir als Uhr nutzen. Lichtwellen werden in diesem Sinn zur Definition der Zeitnormale, der Sekunde, in Atomuhren herangezogen, vgl. z. B. Günther und Müller (2019). Da diese Uhren nun je nach Bewegungszustand unterschiedliche Perioden haben, also gerade nach dem klassischen Doppler-Effekt unterschiedlich laufen, definierte Einstein das Verhältnis eines Zeitabschnittes in einem beliebig beschleunigten Bezugssystem dt zum Zeitabschnitt $d\tau$ im Ruhsystem durch eine Relation

$$d\tau^2 = g_{00}(t, x^1, x^2, x^3)dt^2. \qquad (4.5)$$

Die zunächst unbestimmte Funktion g_{00} hängt im Allgemeinen vom Ort der Messung und der Zeit ab. Wir haben hier Quadrate der Zeitintervalle $d\tau$ und dt geschrieben, da wir diese Gl. (4.5) gleich noch im Sinne des Satzes von Pythagoras auch auf räumliche und raum-zeitliche Intervalle verallgemeinern wollen. Damit folgen wir Einsteins Einsicht aus der Speziellen Relativitätstheorie, dass Raum- und Zeitmessungen vom Bewegungszustand der Messgeräte abhängen. Im nichtrelativistischen Bereich ist uns dies aus dem Alltag bekannt. Dort hängen beispielsweise Abstandsmessungen auf einer sich bewegenden Plattform vom Zeitpunkt der Messung ab. Analog wird von Reisenden in bewegten Verkehrsmitteln eine Änderung der verstrichenen Zeitintervalle zwischen Abstandsmarkierungen mit der Reisegeschwindigkeit beobachtet.

Wir zeigen jetzt, dass für die Abstands- und Zeitmessungen die Geometrie ins Spiel kommt. In Abschn. 3.2 haben wir die eine Säule von Einsteins Spezieller Relativitätstheorie kennengelernt, nämlich, dass die bewegte Uhr nachgeht. Ausgedrückt in Frequenzen ergibt dies gemäß Abschn. 3.3 den transversalen Doppler-Effekt (3.5). Es gibt aber eine zweite Säule der Speziellen Relativitätstheorie, nämlich die Kontraktion bewegter Längen, die bereits Lorentz aufgeschrieben hat und daher ihm zu Ehren den Namen Lorentz-Kontraktion erhalten hat. Wenn in einem Bezugssystem Σ_o für einen dort ruhenden Stab die Länge l_o beobachtet wird, dann wird für denselben Stab, wenn er sich relativ zu Σ_o mit der Geschwindigkeit v bewegt, in Σ_o die verkürzte Länge l_v gemessen:

$$\Sigma_o : \quad l_v = l_o \sqrt{1 - \frac{v^2}{c^2}}. \qquad\qquad \text{Lorentz-Kontraktion} \quad (4.6)$$

Die bereits auf Maxwell zurückgehende Versuchsidee zum Nachweis dieser Kontraktion wurde von Michelson zuerst 1881 in Potsdam realisiert, wo man auch heute noch eine Nachbildung des Versuchsaufbaus besichtigen kann. Gemessen wird dabei die Lichtausbreitung entlang zweier orthogonaler Spektralarme mit verschiedener Orientierung relativ zur Erdrotation. Der Versuch misst gerade *keine Änderung* des Interferenzmusters, was durch die beschriebene Kontraktion der gemessen Länge in Gl. (4.6) erklärt wird. Für eine ausführliche Beschreibung verweisen wir z. B. auf Günther und Müller (2019).

Um einen Hinweis auf die Natur des Gravitationsfeldes zu bekommen, überlegen wir uns ein einfaches Gedankenexperiment: Wir betrachten eine Scheibe. Die Geometrie auf dieser Scheibe ist euklidisch. Für ein rechtwinkliges Dreieck auf der Scheibe gilt der Satz des Pythagoras. Gleichwertig damit ist das Verhältnis vom Umfang U der Scheibe zu ihrem Durchmesser d gegeben durch $U = \pi d$. Nun soll die Scheibe rotieren, und wir betrachten das Inertialsystem Σ_o, in dem der Mittelpunkt der Scheibe ruht. Ein Element ds des Umfangs bewegt sich dann in seiner Längsrichtung mit einer Geschwindigkeit v in Bezug auf Σ_o, während ein radiales Element dr sich nur senkrecht zu seiner Ausdehnung bewegt. Das Element ds unterliegt also der Lorentz-Kontraktion, nicht aber das radiale Element dr. Folglich ist nun auf der rotierenden Scheibe $U < \pi d$. Die Geometrie auf der rotierenden Scheibe ist nicht mehr euklidisch. Und je weiter wir uns vom Mittelpunkt der Scheibe entfernen, um so größer wird diese Abweichung von der Euklidizität[1]. Die Rotation der Scheibe ist für die Elemente auf dem Rand eine beschleunigte Bewegung. Wir betrachten eine kleine Umgebung **U** von ds auf dem Rand der rotierenden Scheibe. Die Geometrie in dem Bereich **U** ist nicht mehr euklidisch. Gemäß Einsteins Äquivalenzprinzip kann ein in **U** befindlicher Beobachter nicht entscheiden, ob er sich in einer beschleunigten Bewegung oder in einem Gravitationsfeld befindet. Ein der Beschleunigung der Kreisbewegung von ds auf der

---

[1]Wir bemerken dazu, dass kein Widerspruch zu Kant gegeben ist. Die von Kant a priori postulierte Euklidizität des Raumes bezieht sich auf den Raum unserer Anschauung, während hier von dem physikalischen Raum die Rede ist, vgl. dazu Günther und Müller (2019).

rotierenden Scheibe äquivalentes Gravitationsfeld erzeugt also eine Änderung der Geometrie im Bereich **U**.
Wir schreiben dann für das so definierte *invariante* Abstandselement ds, wieder quadratisch wie bei Pythagoras,

$$ds^2 = \sum_{i,j=0}^{3} g_{ij} dx^i dx^j. \tag{4.7}$$

Hier läuft die Summe über die beiden Indizes i und j von 0 als Zeitindex weiter über die Werte 1, 2, und 3 für die räumlichen Abstandselemente. Dabei ist das zeitliche Abstandselement gegeben durch $dx^0 = cdt$, damit dx^0 auch die Dimension einer Länge hat. Die Größen g_{ik} sind wie in Gl. (4.5) Funktionen der Raum- und Zeitkoordinaten, sie werden *Metrik* genannt. Gemäß Gl. (4.7) ist die Metrik in der Einsteinschen Theorie stets symmetrisch, $g_{ij} = g_{ji}$. Die Metrik bestimmt, wie die Differenzen dx^i von beliebigen Koordinaten in mit Meßgeräten gemessene Abstände übersetzt werden, z. B. an einem festen Ort im Raum in die Eigenzeit einer dort befindlichen Uhr wie in Gl. (4.5). Die Einführung beliebiger Koordinaten wird gerade durch das Äquivalenzprinzip nahegelegt und ist eine wesentliche Basis der Allgemeinen Relativitätstheorie, Misner, Thorne, Wheeler (1972).
Ein einfaches Beispiel ist eine diagonale Metrik, die uns in den beiden folgenden Abschnitten vor allem beschäftigen wird, es gilt dann

$$ds^2 = g_{00} c^2 dt^2 + g_{11}(dx^1)^2 + g_{22}(dx^2)^2 + g_{11}(dx^3)^2. \tag{4.8}$$

Das einfachste Beispiel stellt der invariante Abstand der Speziellen Relativitätstheorie dar, wo die Komponenten der Metrik konstant sind und die Werte $+1, -1, -1$ und -1 annehmen, die Metrik sich also schreibt als

$$ds^2 = c^2 dt^2 - (dx^1)^2 - (dx^2)^2 - (dx^3)^2. \tag{4.9}$$

Die so definierte Metrik heißt *Minkowski-Metrik*. In den Koordinaten ct, x^1, x^2, x^3 eines inertialen Bezugsystem können alle physikalischen Erscheinungen der Speziellen Relativitätstheorie beschrieben werden, beispielsweise auch Übergänge zwischen verschiedenen Bezugsystemen, die Gl. (4.9) invariant lassen. Diese heißen *Lorentz-Transformationen*. Dabei führen wir den sog. Lorentz-Faktor $\gamma =$

$1/\sqrt{1 - v^2/c^2}$ ein. Die spezielle Lorentz-Transformation zwischen einem Bezugs-system Σ und einem relativ zu diesem in x^1-Richtung mit der Geschwindigkeit v sich bewegenden System Σ' schreibt sich, wobei wir zur Vereinfachung hier $x^1 = x$ abkürzen,

$$\left.\begin{array}{l} x' = \gamma(x - vt), \\ t' = \gamma(t - xv/c^2), \end{array}\right. \longleftrightarrow \left.\begin{array}{l} x = \gamma(x' + vt'), \\ t = \gamma(t' + x'v/c^2). \end{array}\right\} \begin{array}{l} \text{Lorentz-} \\ \text{Transformation} \end{array} \quad (4.10)$$

Die Gleichung $ds^2 = 0$ definiert den sogenannten *Lichtkegel* um einen Punkt der Raum-Zeit. Der Lichtkegel wird durch Bahnen von Photonen gebildet. Das ist sofort ersichtlich, wenn wir etwa $dx^2 = dx^3 = 0$ annehmen, also eine Ausbreitung in x^1-Richtung betrachten. Dann gibt diese Bedingung $dx^1/dt = c$, also eine Ausbrei-tung mit Lichtgeschwindigkeit. Im folgenden Abschnitt werden wir besonders die Lichtkegel in einer speziellen Raum-Zeit untersuchen. Der Name Lichtkegel stammt von der üblichen symbolischen Darstellung in der zweidimensionalen Papierebene mit der senkrechten Zeit- und einer waagerechten Ortsachse, wo der Lichtkegel symbolisch als Doppelkegel mit der Spitze um den gegebenen Punkt gezeichnet wird, vergleiche dazu die Abb. 4.2. In Wahrheit handelt es sich beim Lichtkegel um einen dreidimensionalen Unterraum der vierdimensionalen Raum-Zeit, der aus der Zusammenstellung aller Raumpunkte besteht, die in der Zeit t mit Lichtgeschwin-digkeit c von dem gegebenen Punkt (der Kegelspitze) erreicht werden können, dem Zukunfts-Lichtkegel, und allen den Raumpunkten, von denen vor der Zeit t Licht zum gegebenen Punkt gesandt werden kann, dem Vergangenheits-Lichtkegel. Damit wird der Lichtkegel gebildet von der Zusammenfassung aller dieser Punkte mit beliebiger Zeit $-\infty < t < \infty$.

Ersichtlich betrifft das in der flachen Minkowski-Raum-Zeit den gesamten Raum, allerdings nicht die gesamte Raum-Zeit. Die Raumgebiete, für die zur Kegelspitze zur Zeit t die Entfernung $(x^1)^2 + (x^2)^2 + (x^2)^2 > c^2t^2$ ist, können in keiner Weise erreicht werden. Man sagt, diese Raumgebiete liegen außerhalb des Lichtkegels, und man nennt solche Abstände zur Kegelspitze raumartig. Die Betrachtungen klingen zunächst ziemlich selbstverständlich, bereiten aber die Analysen in den folgenden Abschnitten vor, wo die Struktur der Lichtkegel durch die Gravitation deformiert wird, und wo in extrem erscheinenden Situationen sich Raumgebiete ergeben wer-den, die nie von einem Raum-Zeit-Ereignis aus erreicht oder beeinflußt werden können. Wir werden die Grenzen zu solchen Gebieten Horizonte nennen. Es zeigt sich, dass solche Grenzen der Erreichbarkeit von Raum-Zeit-Gebieten in allgemei-nen Gravitationsfeldern typisch und unvermeidlich sind.

Abb. 4.2 Zukunfts- und
Vergangenheits-Lichtkegel
um den am Ursprung
sitzenden Beobachter.
Punkte innerhalb der
Kegelflächen können vom
Beobachter erreicht werden,
Raum-Zeit-Punkte
außerhalb nennt man
raumartig entfernt, keine
Signale oder Bahnen
können vom Ursprung aus
diese Gebiete erreichen

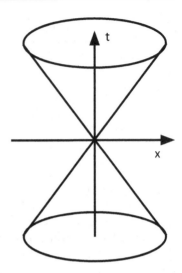

In der Allgemeinen Relativitätstheorie ist die Metrik (4.9) lokal immer einführbar als frei im Gravitationsfeld fallendes Bezugssystem, was selbst nur bis auf die Addition einer beliebigen konstanten Geschwindigkeit bestimmt ist, also bis auf die Lorentz-Transformationen (4.10), vgl. z. B. Günther und Müller (2019).

Wir erweitern jetzt etwas unsere formale Basis. In Gl. (4.7) haben wir in der Metrik g_{ij} die beiden unteren, sogenannten kovarianten und in den Koordinatenabstände dx^i, dx^j die oberen kontravarianten Indizes unterschieden. Weiterhin hat Einstein eingeführt, die Summenzeichen in Ausdrücken wie Gl. (4.7) wegzulassen, um die Formeln übersichtlicher zu halten. Die Regel lautet dann, es ist über gleichnamige obere und untere Indizes in Formeln zu summieren. Die Bezeichnungen ko- und kontravariant haben eine wesentliche mathematische Bedeutung: Objekte mit diesen Indizes ändern sich beim Übergang zwischen Koordinatensystemen in zueinander dualer Weise, nämlich kontravariante Vektoren a^i wie die Koordinatendifferentiale dx^i. Werden neue Koordinaten eingeführt durch vier Funktionen $x^{i'} = x^{i'}(x^i)$, so gilt nach der Kettenregel der Differentialrechnung

$$dx^{i'} = \frac{\partial x^{i'}}{\partial x^i} dx^i. \tag{4.11}$$

Die partiellen Ableitungen $\partial x^i / \partial x^{i'}$ werden als Jacobi-Matrix bezeichnet. Umgekehrt erfolgt die Umschreibung eines Gradienten einer skalaren Funktion $\phi(x^k)$, $\partial \phi / \partial x_i$ als Beispiel eines kovarianten Index mit den partiellen Ableitungen $\partial x^i / \partial x^{i'}$, der inversen Jacobi-Matrix. So gilt für die Metrik

$$g_{i'j'} = \frac{\partial x^i}{\partial x^{i'}} \frac{\partial x^j}{\partial x^{j'}} g_{ij}. \tag{4.12}$$

Es ist zu beachten, dass in Gl. (4.11) auf der rechten Seite über i und in der Relation (4.12) über beide Indizes i und j zu summieren ist.

In unserer folgenden kleinen Ableitung werden wir noch die inverse Metrik g^{ij} mit kontravarianten Indizes benötigen, die definiert wird durch die Bedingung

$$g_{ij} g^{jk} = \delta_i^k \tag{4.13}$$

mit dem Einheitstensor δ_i^k, der nur Einsen auf der Diagonalen hat und ansonsten die Werte Null. Er ist auch unter der Bezeichnung Kronecker-Symbol bekannt, mit der Definition $\delta_i^k = 1$, falls $i = k$ gilt, ansonsten Null. Mit der inversen Metrik können wir beliebige kovariante Vektoren in kontravariante Vektoren umwandeln, genau wie umgekehrt mit g_{ik} kontravariante Vektoren in kovariante:

$$g^{ij} a_j = a^i, \qquad g_{ij} a^j = a_i. \tag{4.14}$$

Beachtet werden muss in diesen Relationen wieder die Summation über wiederholte Indizes. Diese algebraischen Beziehungen bilden die Grundlage der Tensorrechnung, auf der die Relativitätstheorie beruht und die hier nur andeutungsweise eingeführt werden soll, um die physikalischen Phänomene der Rotverschiebung zu erläutern. Für eine ausführliche Darstellung der hier nur knapp erklärten mathematischen Hilfsmittel verweisen wir z. B. auf Günther und Müller (2019).

Wir werden im folgenden Abschnitt die Lichtausbreitung in einem speziellen Gravitationsfeld, d. h. dann auch in einer speziellen Metrik, ableiten, nämlich in einem kugelsymmetrischen Feld. Ein solches Feld ist in der Einsteinschen Theorie statisch, wenn die Zeitkoordinate wirklich zeitartige Abstände beschreibt, wenn also mit einer im Gravitationsfeld befindlichen Uhr die Zeitabstände vermessen werden können. Das trifft für die Raumgebiete weit weg von der Massenverteilung als Quelle des Gravitationsfeldes zu. Wir setzten weiterhin isolierte Materieverteilungen voraus, wobei weit weg von der das Gravitationsfeld erzeugenden Masse die Metrik in die Form von Gl. (4.9) übergeht. Für solche zeitunabhängigen Gravitationsfelder können wir Koordinaten- oder besser Bezugssysteme wählen, in denen die

Metrik nur noch von den Raumkoordinaten $a, b = 1, 2, 3$ abhängt, nicht aber von der Zeit. Dann gibt der Uhrenlauf nach Gl. (4.5) die in weiter Entfernung gemessene *gravitative Rotverschiebung* an,

$$\lambda = \lambda_0 \sqrt{g_{00}(x^a)}, \qquad \nu = \nu_0 \sqrt{g_{00}(x^a)}. \qquad (4.15)$$

Dabei sind λ_0 und ν_0 die Wellenlängen und Frequenzen des Lichtes in einem frei fallenden Bezugsystem an der Quelle. In diesem Bezugsystem sind nach dem Äquivalenzprinzip die Gravitationswirkungen aufgehoben, die Atome senden mit ihren Eigen-Frequenzen und ihren Eigen-Wellenlängen, wie sie im gravitationsfreien Raum gemessen und beispielsweise auch aus den physikalischen Eigenschaften der Atome in den Strahlungsquellen berechnet werden können. Die in weiter Entfernung von den Quellen gemessenen Wellenlängen und Frequenzen sind dagegen λ und ν.

Im Allgemeinen gilt am Ort der Lichtemission $0 < g_{00}(x^a) < 1$, sodass am Ort des Empfangs des Lichtes eine Frequenz der Strahlung kleiner als die Emissions-Frequenz $\nu < \nu_0$ und eine Wellenlänge länger als die Emissions-Wellenlänge $\lambda > \lambda_0$ gemessen wird, also eine *Rotverschiebung*. Die Photonen verlieren Energie, wenn sie sich aus dem Schwerefeld in den entfernten Raum bewegen. Die Bedeutung dieser Beziehung ist unmittelbar ablesbar aus der Relation (4.5) für den Zusammenhang der Eigenzeit τ mit der Koordinatenzeit t. Interessant ist, dass der Betrag der Rotverschiebung nur vom Wert der Metrik am Ort der Quelle in Relation zur Koordinatenzeit weit weg von der schweren Masse abhängt, nicht vom gesamten zurückgelegten Weg. Die Betrachtung der Lichtausbreitung im statischen Feld Schwarzer Löcher wird diesen Umstand noch genauer erläutern.

Die angegebene Relation (4.15) verallgemeinert die in Gl. (4.4) gegebene Formel für die gravitative Rotverschiebung im Schwerefeld, das durch das Newtonsche Gravitationspotential $\Phi(x^a)$ gegeben ist. Dieses wird in der Newtonschen Gravitationstheorie aus der Massendichte $\rho(x^1, x^2, x^3)$ durch die Poisson-Gleichung bestimmt,

$$\Delta \Phi = 4\pi G \rho. \qquad (4.16)$$

Hierbei ist der Laplaceoperator Δ definiert als Summe

$$\Delta = \partial^2_{x^1} + \partial^2_{x^2} + \partial^2_{x^3}.$$

Wir nennen diese Approximation deshalb Newtonsche Näherung, die für schwache Schwerefelder gültig ist, solange also $|\Phi| \ll c^2$. Dort gilt nämlich

$$g_{00}(x^a) \approx 1 + \frac{2\Phi(x^a)}{c^2}. \qquad (4.17)$$

Dabei ist zu beachten, dass das Newtonsche Potential so definiert ist, dass es weit weg von den Quellen verschwindet und sonst negativ, aber betragsmäßig kleiner als Eins ist. Im Sinne dieser Beziehung stellt also die Metrik ein verallgemeinertes Gravitationspotential dar. Dieses beschreibt die Abweichung der Geometrie von der eines flachen Raumes, der durch Gl. (4.9) gegeben ist.

Wir studieren jetzt noch in einer allgemeinen Metrik die Bahnen von Probekörpern und später die von Licht. Ein Teilchen bewegt sich im durch die Metrik g_{ij} beschriebenen Schwerefeld auf einer Bahn so gerade wie möglich. Genau das ist der Inhalt des Äquivalenzprinzips, dass alle Gravitationswirkungen allein durch eine Änderung der Raum-Zeit-Metrik beschrieben werden und alle Körper sich darin fast so wie in der flachen Raum-Zeit bewegen, das heißt auf Bahnen, so gerade wie möglich, oder auch so extremal wie möglich. Dabei wird die Bahn als Funktionen des invarianten Abstandes geschrieben,

$$x^i = x^i(s). \qquad \text{Bahn eines Probekörpers} \qquad (4.18)$$

Hier ist s die invariante Weglänge,

$$s = \int ds \quad \text{mit} \quad ds = \sqrt{g_{ij}dx^i dx^j}. \qquad (4.19)$$

Wir können allerdings nur für Teilchen mit Masse den invarianten Abstand als Kurvenparameter nehmen. Wir betrachten jetzt kleine Variationen der Bahn,

$$x^i(s) \rightarrow x^i(s) + \delta x^i(s). \qquad (4.20)$$

Zur Vereinfachung der folgenden einfachen Rechnung führen wir noch die Vierergeschwindigkeit des Teilchens auf der Bahn als Ableitung der Koordinaten nach dem Kurvenparameter s ein,

$$u^i(s) = \frac{dx^i}{ds}. \qquad \text{Vierergeschwindigkeit} \qquad (4.21)$$

Zur Ergänzung sei angemerkt, dass diese Definition bewirkt, dass die Vierergeschwindigkeit den festen Betrag Eins hat, es gilt stets $u_i u^i = 1$, wie aus der Definition von ds zu sehen ist. Die Normierung der Geschwindigkeit ist ein Vorteil der Parametrisierung der Bahn mit der invarianten Weglänge. Zugleich folgt daraus, dass die vierdimensionale Beschleunigung stets orthogonal zur Vierergeschwindigkeit ist, d. h. $u_i\, du^i/ds = 0$.

Um ein Verständnis für die Identifikation der Vierergeschwindigkeit mit einer anschaulichen *Geschwindigkeit* zu erhalten, müssen wir in einem Bezugssystem die dreidimensionale Geschwindigkeit bestimmen. Dabei wird sich zeigen, dass diese erwartungsgemäß stets kleiner als die Lichtgeschwindigkeit ist.

Die Variation der Bahnkurve ist verbunden mit einer Änderung der Geschwindigkeit und der Metrik (wir kennzeichnen die partielle Ableitung nach x^k mit $\partial_k \Phi \equiv \partial \Phi / \partial x^k$):

$$\delta u^i(s) = \frac{d\delta x^i}{ds} \qquad \text{und} \qquad \delta g_{ij} = \partial_k g_{ij}\delta x^k. \qquad (4.22)$$

Die Variation der Bahnlänge ist nun

$$\delta s = \int \delta ds \qquad \text{mit} \qquad \delta ds = \frac{1}{2ds}(\delta g_{ij}dx^i dx^j + 2g_{ij}dx^i d\delta x^j). \qquad (4.23)$$

Dabei rührt der Faktor 2 im letzten Aufdruck von den beiden identischen Ableitungen in der Produktregel her. Also gilt

$$\delta s = \int \left[\frac{1}{2}(\partial_k g_{ij}u^i u^j \delta x^k + g_{ij}u^i \frac{d\delta x^j}{ds} \right] ds. \qquad (4.24)$$

Jetzt wenden wir eine partielle Integration auf den zweiten Term des Integrals an, schaffen also die Ableitung nach ds auf die beiden Vorfaktoren, und setzen voraus, dass an den Endpunkten des Weges die Variationen δx^i verschwinden. Es gilt also mit $dg_{ij}/ds = \partial_l g_{ij}u^l$:

$$\int g_{ij}u^i \frac{d\delta x^j}{ds}ds = -\int \left[\partial_l g_{ij}u^i u^l + g_{ij}\frac{du^i}{ds} \right] \delta x^j ds.$$

Im letzten Ausdruck wechseln wir die Bezeichnung des Summationsindex j in k, und wir erhalten so einen Ausdruck für die Variation der Bahnlänge,

$$\delta s = \int \left[\frac{1}{2}(\partial_k g_{ij}u^i u^j - \partial_l g_{ik}u^i u^l - g_{ik}\frac{du^i}{ds} \right] \delta x^k ds. \qquad (4.25)$$

Dabei haben die Variationen δx^k willkürliche Werte. Dann kann die Variation δs nur verschwinden, wenn der ganze Ausdruck in der eckigen Klammer verschwindet, also mit einer Umstellung der Summanden gilt

$$g_{ik}\frac{du^j}{ds} + \frac{1}{2}(\partial_j g_{ik} + \partial_i g_{kj} - \partial_k g_{ij})u^i u^j = 0. \tag{4.26}$$

Dabei haben wir im mittleren Summanden der Gl. (4.25) den Summationsindex l in j umbenannt und verwendet, dass die Metrik symmetrisch ist,

$$\partial_j g_{ik}u^i u^j = \frac{1}{2}(\partial_j g_{ik} + \partial_i g_{kj})u^i u^j.$$

Wir multiplizieren diese Gleichung noch mit der inversen Metrik g^{kl} und erhalten mit $g_{ik}g^{kl} = \delta_i^l$ eine Differentialgleichung, welche die Bewegung des Probekörpers in der Metrik g_{ij} beschreibt,

$$\frac{du^l}{d\sigma} + \Gamma_{ij}^l u^i u^j = 0. \qquad \text{Geodätengleichung} \qquad (4.27)$$

Dabei werden die Größen Γ_{ij}^l aus drei Summanden von partiellen Ableitungen der Metrik gebildet,

$$\Gamma_{ij}^l = \frac{1}{2}g^{kl}\left(\partial_j g_{ik} + \partial_i g_{kj} - \partial_k g_{ij}\right). \qquad \text{Christoffel-Symbole}$$
$$(4.28)$$

Diese symmetrischen Ausdrücke werden nach dem Mathematiker *Christoffel-Symbole* genannt. Sie verallgemeinern die Bildung des Gradienten des Newtonschen Gravitationspotentials in der nichtrelativistischen Bewegungsgleichung von Punktmassen. Da wir in der relativistischen Gravitationstheorie kein skalares Potential haben, sondern einen zweistufigen kovarianten Tensor (d. h. mit zwei unteren Indizes), erfordert die Bewegungsgleichung eine komplexere Größe für die Beschreibung der Bahn. Diese resultiert einzig daraus, dass die Raum-Zeit nach Einstein gekrümmt ist, also lokal sich die Teilchen zwar auf geraden Bahnen quasi kraftfrei bewegen, aber bei der Bewegung in Bereiche kommen, deren Geometrie gegenüber dem Ausgangspunkt verzerrt oder beschleunigt ist. Im Sinne dieser Interpretation werden die Christoffel-Symbole auch *Zusammenhangs-Koeffizienten* genannt.

Es ist zu beachten, dass die so eingeführten Größen symmetrisch in den unteren Indizes i und j sind, und dass es sich *nicht* um tensorielle Größen handelt. Es kann nämlich sogar gezeigt werden, dass lokal, also in einer kleinen Umgebung, die Christoffel-Symbole zum Verschwinden gebracht werden können. Das führt dann zu den Bezugssystemen, die lokal frei fallen. Dort bewegen sich Teilchen nach der Gleichung $du^l/ds = 0$, also auf Geraden in diesen Koordinaten. Die Gl. (4.27) heißt *Geodätengleichung*, die extremale Bahnen in einer gekrümmten Raum-Zeit beschreibt. Sie beschreibt entsprechend unserer Rechnung die kürzesten Bahnen z. B. auf einer gekrümmten zweidimensionalen Fläche, einem klassischen Problem der Geodäsie, wie z. B. die Großkreise auf der Erde. Die Lösungen beschreiben die möglichen Bewegungen von massebehafteten Probekörpern in der Allgemeinen Relativitätstheorie.

Jetzt werden wir dieses Ergebnis der Berechnung der kürzesten Bahn noch für unsere Fragestellung der gravitativen Rotverschiebung verallgemeinern. Diese bezieht sich auf die Lichtausbreitung, die wir durch die Vektoren der Photonen-bahnen $v^l = dx^l/d\sigma$ beschreiben, die auch identisch sind zu den Vierervektoren senkrecht auf den Ausbreitungsflächen der Lichtwellen, den Wellenvektoren von Kap. 1. Wir haben in der Ableitung für die Vierergeschwindigkeit der Photonen den invarianten Abstand s durch einen Bahnparameter σ ersetzt, da sich Photonen bzw. Lichtwellen mit Lichtgeschwindigkeit ausbreiten, also die Gleichung $ds = 0$ gilt und s nicht als Kurvenparameter verwendbar ist. Die Vierergeschwindigkeit liegt auf dem Lichtkegel. Die Krümmung der Raum-Zeit führt dann zu einer Deformation der relativen Lage der Lichtkegel.

Der Parameter für die Beschreibung der Lichtausbreitung σ wird selbst mit-bestimmt bei der Lösung der Differentialgleichung der Bahn. Er ist nur bis auf lineare Transformationen der Koordinaten bestimmt, welche die Bedingung $ds = 0$ nicht verletzen. Physikalisch hatten wir bereits darauf hingewiesen, dass dies der Addition beliebiger konstanter Geschwindigkeiten bei der Einführung der lokal frei fallenden Inertialsysteme entspricht. In Verallgemeinerung von Gl. (4.28) gilt für die Lichtausbreitung die Geodätengleichung für lichtartige Teilchen oder technisch für Null-Vektoren, d. h. Vektoren der Lichtgeschwindigkeit mit $v_l v^l = 0$, in der Form:

$$\frac{dv^l}{d\sigma} + \Gamma^l_{ij} v^i v^j = 0. \qquad \text{Geodätengleichung für Licht} \quad (4.29)$$

Die Geodätengleichungen (4.27) und (4.29) beschreiben die Dynamik von massiven Probekörpern und von Strahlung in allgemeinen Raum-Zeiten. Sie haben die Form von Differentialgleichungen erster Ordnung für die Beschleunigung der Vierergeschwindigkeiten du^l/ds bzw. $dv^l/d\sigma$, wobei im *Kraftterm*, vermittelt über die Zusammenhangs-Koeffizienten, die Vierergeschwindigkeiten quadratisch auftauchen. Das ist der geometrischen Beschreibung des Gravitationsfeldes geschuldet, wenn auf der Bahn ein Wechsel der lokalen Geometrie auftritt genau wie auf einer Kinderrutschbahn mit Kurven. Wie schon erläutert, stellen die Christoffel-Symbole keine tensoriellen Größen dar. Die beiden Terme in den Bewegungsgleichungen ändern sich also beim Wechsel von Bezugssystemen. In der Summe beschreiben die Gleichungen aber eine kovariante, den tensoriellen Transformationen unterliegende Größe, die *kovariante Ableitung* der Vierergeschwindigkeiten u^i und v^i nach ds bzw. $d\sigma$, bezeichnet mit Du^i/ds bzw. $Dv^i/d\sigma$. Das Verschwinden der so definierten Ableitung bedeutet eine geradest mögliche Bahn der Probekörper durch die Raum-Zeit.

Für einen kontravarianten Vektor u^i und einen kovarianten Vector v_i schreiben wir also in Verallgemeinerung der Geodätengleichungen

$$\left.\begin{aligned}\frac{Du^i}{Dx^k} &\equiv u^i{}_{;k} := \partial_{x^k}u^i + \Gamma^i_{kl}u^l, \\[4pt] \frac{Dv_i}{Dx^k} &\equiv v_{i;k} := \partial_{x^k}v_i - \Gamma^l_{ki}\,v_l.\end{aligned}\right\} \qquad \text{Kovariante Ableitungen (4.30)}$$

Die Abkürzung der kovarianten Ableitung mit dem Semikolon ist besonders bequem bei der folgenden Betrachtung. Wir können nämlich einfach zeigen, dass für die kovarianten Ableitungen die üblichen Beziehungen der Differentialrechnung gelten, aber die Hintereinander-Ausführung zweier kovarianter Ableitungen gibt ein überraschendes Resultat. Diese hängt nämlich von der Reihenfolge der Ausführung ab. Für den Kommutator, die Differenz der zweifachen kovarianten Ableitung eines kontravarianten Vektorfeldes u^l gilt

$$u^l{}_{;ij} - u^l{}_{;ji} = R_{ijk}{}^l\, u^k. \qquad (4.31)$$

Die Größe auf der rechten Seite mit vier Indizes $R_{ijk}{}^l$ heißt Riemann-Christoffel-Krümmungstensor. Einsetzen der Definitionsgleichungen (4.30) liefert die Berechnungsformel

$$R_{ijk}^{l} = \partial_i \, \Gamma_{jk}^l - \partial_j \, \Gamma_{ik}^l + \Gamma_{ik}^m \, \Gamma_{mj}^l - \Gamma_{jk}^m \, \Gamma_{mi}^l. \quad \text{Krümmungstensor}$$

$$(4.32)$$

Wichtig zu bemerken ist, dass der Krümmungstensor sich über die Definition der Christoffel-Symbole aus linearen zweiten Ableitungen der Metrik und aus Produkten von ersten Ableitungen der Metrik zusammensetzt. Aus der Definitionsgleichung des Kommutators der kovarianten Ableitungen folgt dann auch, dass es sich um einen vierstufigen Tensor mit dem entsprechenden Transformationsverhalten handelt. Man kann sich davon überzeugen, dass dieser Tensor in zwei Raumdimensionen z. B. die Krümmung der Erdoberfläche beschreibt, die sich auch dort in einer Nichtvertauschbarkeit der kovarianten Ableitungen in verschiedene Richtungen ausdrückt. Die vier Indizes des Krümmungstensors nehmen hier die Werte 0, 1, 2, 3 ein, aber aus der Definitionsgleichung (4.32) folgt direkt, dass nicht alle Komponenten unabhängig voneinander sind. Der Krümmungstensor ist antisymmetrisch im ersten und zweiten Indexpaar und symmetrisch in Bezug auf den Tausch des ersten und zweiten Indexpaares, wenn er mit vier unteren Indizes geschrieben wird, $R_{ijkl} = g_{lm} R_{ijk}^{m}$, also

$$R_{ijkl} = -R_{ijlk} = -R_{jikl} = R_{klij}.$$

Zusätzlich gelten bei der zyklischen Vertauschung dreier Indizes die Regeln

$$R_{ijkl} + R_{iklj} + R_{iljk} = 0.$$

Einfaches Abzählen liefert dann, dass der Krümmungstensor 40 unabhängige Komponenten hat. Es gilt noch eine wichtige Beziehung für die zyklischen Vertauschungen, jetzt der kovarianten Ableitungen des Krümmungstensors,

$$R_{ijkl;m} + R_{ijlm;k} + R_{ijmk;l} = 0, \qquad (4.33)$$

die den Namen Bianchi-Identiät trägt und eine wichtige Rolle für die Konsistenz der jetzt folgenden Einsteinschen Gleichungen spielt. Aus dem Krümmungstensor können der symmetrische Ricci-Tensor R_{ik} und der Krümmungsskalar R konstruiert werden,

$$R_{ik} := R_{lik}^{l} \qquad \text{Ricci-Tensor} \qquad (4.34)$$

und

$$R := R_{ik} \, g^{ik}. \qquad \text{Krümmungs-Skalar} \qquad (4.35)$$

Damit wird der Einstein-Tensor E_{ik} gebildet,

$$E_{ik} := R_{ik} - \frac{1}{2} g_{ik} R. \qquad \text{Einstein-Tensor} \qquad (4.36)$$

Diese Kombination von Krümmungstermen ergibt sich auch aus der Ableitung der Einstein-Gleichungen aus einem Variationsprinzip nach Hilbert, wobei die Lagrange-Dichte durch $\sqrt{-g}R$ gegeben ist mit $g = det(g_{ik})$ als Determinante des metrischen Tensors. Eine weitere Begründung liegt in der Forderung des Übergangs zur Newtonschen Gravitationstheorie (4.16) für schwache Felder. Einsteins Gravitationsgleichungen lauten dann

$$E_{ik} = \frac{8\pi G}{c^4} T_{ik}. \qquad \text{Einsteins Gravitationsgleichungen}$$
$$(4.37)$$

Auf der rechten Seite steht als Quellterm der Krümmung der Raum-Zeit der Energie-Impuls-Tensor T_{ik}, für den wir hier wie in vielen Anwendungen eine idealen Flüssigkeit annehmen mit der Energiedichte $\epsilon = \rho c^2$ entsprechend der Massendichte ρ, die mit der Vierergeschwindigkeit der Flüssigkeitselemente u^i transportiert wird, während p den dreidimensionalen isotropen Druck bezeichnet.

$$T^{ik} = \epsilon u^i u^k + p(u^i u^k - g^{ik}). \qquad \text{Ideale Füssigkeit} \qquad (4.38)$$

Die Einstein-Gleichungen haben wegen der Symmetrie des Einstein- und des Energie-Impuls-Tensors 10 unabhängige Komponenten. Der Einstein-Tensor wird aus einer Kombination von zweiten partiellen Ableitungen der Metrik und nichtlinearen Produkten von ersten Ableitungen der Metrik nach den Raum-Zeit-Koordinaten gebildet. Wegen dieser Komplexität können nur für spezielle Symmetrien exakte Lösungen der Einstein-Gleichungen gefunden werden. Zwei Lösungen werden wir in den weiteren Abschnitten im Zusammenhang mit unserer Problemstellung noch kennenlernen.

Die Materieverteilung bestimmt über die Einstein-Gleichungen die Geometrie der Raum-Zeit. Umgekehrt bestimmt die Metrik über die Geodätengleichungen die Bewegung von Materie. Hier kommt die Differentialidentität (4.33) entscheidend ins Spiel. Diese zeigt, dass für die kovariante Ableitung des Ricci-Tensors R^i_k, gemischt in kontra- und kovarianten Indizes geschrieben, gilt

$$R^i_{k;i} = \partial_k R. \tag{4.39}$$

Der Ausdruck auf der linken Seite wird auch als kovariante Divergenz bezeichnet. Mit dieser Formel verschwindet die kovariante Divergenz des Einstein-Tensors, und dann folgt aus den Einstein-Gleichungen auch das Verschwinden der Divergenz des Energie-Impuls-Tensors,

$$E^i_{k;i} = 0 \rightarrow T^i_{k;i} = 0. \tag{4.40}$$

Diese Beziehung beschreibt die Energie- und Impulserhaltung von Materie, die sich in einem Gravitationsfeld bewegt. Einstein (1938) und unabhängig ein Jahr später Fock (1960) haben gezeigt, dass die Geodätengleichungen eine Konsequenz der Feldgleichungen (4.37) bzw. dieses Erhaltungssatzes (4.38) sind. Bis dahin wurde die Geodätengleichung (4.27) für die Bewegung eines Probekörpers unabhängig postuliert, wie wir das oben mit einem Extremalprinzip dargestellt haben.

In Günther und Müller (2019) haben wir auch beschrieben, dass die Newtonschen Gravitationsfeldgleichung (4.16) sich als nichtrelativistische Näherung von (4.37) ergeben. Der metrische Tensor g_{ik} stellt also die relativistische Verallgemeinerung des Newtonschen Gravitationspotentials Φ dar.

Wir wollen im weiteren aus der Geodätengleichung die gravitative Rotverschiebung im Falle einer kugelsymmetrischen Raum-Zeit ableiten und damit zu einem besseren Verständnis des zunächst abstrakt wirkenden Formalismus beitragen. Zugleich werden sich ganz neue Phänomene ergeben, die eine Konsequenz der Beschreibung der Gravitation als eine gekrümmte Raum-Zeit sind.

4.1.3 Der Ereignishorizont Schwarzer Löcher

Kugelsymmetrische Gravitationsfelder spielen in der Erklärung von kosmischen Phänomenen eine bedeutende Rolle. Selbstgravitierende Massen wie unsere Erde, die Sonne, aber auch Sternansammlungen wie Kugelsternhaufen oder auch die sogenannten Halos dunkler Materie um die Galaxien sind in erster Näherung kugelsymmetrisch, wenn nicht bei der Bildung anisotrope Einströmungen, Nachbarschaftseinflüsse oder auch eine Eigenrotation einen merklichen Einfluss haben. Hier in unserer Behandlung der gravitativen Rotverschiebung wollen wir uns auf die Gravitationsfelder im Außenraum um kosmische Massen konzentrieren, also nicht

den inneren Aufbau der Himmelskörper studieren. Der Astronom Karl Schwarzschild hat schon 1916, wenige Monate nach der Formulierung der Allgemeinen
Relativitätstheorie, eine Lösung der Feldgleichungen für das Vakuum gefunden,
die allgemein das Schwerefeld um kugelsymmetrische Objekte beschreibt, s. die
anregende Beschreibung von Heinicke und Hehl (2020). Die Lösung trägt den
Namen *Schwarzschild-Lösung* und beschreibt nicht nur den Außenraum etwa um
die oben genannten Himmelsobjekte, sondern auch die sogenannten Schwarzen
Löcher. Dabei ergeben sich interessante Effekte, die aus der Verbindung der gravitativen Rotverschiebung mit der Endlichkeit der Lichtgeschwindigkeit resultieren.

Schwarzschild stieß bei der Suche nach kugelsymmetrischen Lösungen der Einsteinschen Gleichungen auf eine charakteristische Länge r_g, welche die Gesamt-
masse der betreffenden kosmischen Objekte charakterisiert, den nach ihm benannten
Schwarzschild-Radius r_g,

$$r_g = 2GM/c^2, \qquad \text{Gravitationsradius} \qquad (4.41)$$

der auch als *Gravitationsradius* bezeichnet wird. In der Formel tauchen die Newtonsche Gravitationskonstante G und die Lichtgeschwindigkeit c auf. Wegen der
Größe der Lichtgeschwindigkeit ist der Radius im Allgemeinen sehr klein, für die
Erdmasse nur etwa 0,9 cm und 3 km für die Sonne. Die physikalischen Radien
der meisten Himmelskörper sind viel größer als ihr Gravitationsradius, was Ausdruck der Schwäche ihres Gravitationsfeldes ist. Starke Gravitationsfelder treten
erst auf, wenn die physikalischen Radien der Objekte in die Größenordnung des
Schwarzschild-Radius kommen.

Zur Bestimmung des Außenfeldes einer sphärisch-symmetrischen isolierten
Massenverteilung sind nur die Einsteinschen Vakuumgleichungen zu lösen, die sich
auf eine einfache Form reduzieren, das Verschwinden des Ricci-Tensors,

$$R_{ik} = 0. \qquad (4.42)$$

Die Rechnung von Schwarzschild ist vielfach in Lehrbüchern wiederholt worden,
vgl. z. B. das Problem 52 in Günther und Müller (2019). Es zeigt sich, dass die Metrik
nur durch die Masse oder eben äquivalent durch den Gravitationsradius bestimmt
ist als

$$ds^2 = \left(1 - \frac{r_g}{r}\right) c^2 dt^2 - \frac{1}{1 - \frac{r_g}{r}} dr^2 - r^2 (d\theta^2 + \sin^2 \theta d\phi^2). \quad (4.43)$$

Das ist eine diagonale Metrik, wobei die letzten beiden Elemente $g_{\theta\theta}$ und $g_{\phi\phi}$ schon aus der euklidischen Geometrie als Metrik in Kugelkoordinaten bekannt sind. Umfang von Kreisen und Kugeln um die Zentralmasse haben also die bekannten Werte $2\pi r$ und $4\pi r^2$, mit dem Radius r wie in der euklidischen Geometrie. Es ist zu beachten, dass radialen Abstände für $r_g < r < \infty$ stets größer als in der eukli­dischen Geometrie werden, $ds = dr/(1 - r/r_g) > dr$, oder anders ausgedrückt, bei einem gegebenen Radius erscheint der Kreis- oder Kugelumfang *geschrumpft*. Anschaulich erscheint der Raum um die Quelle zusammengezogen. Dieser Effekt wird extrem, wenn sich der physikalische Radius dem Gravitationsradius annähert. Dort wird die obige Lösung singulär, ist also nicht physikalisch interpretierbar.

Wir werden im Folgenden zeigen, dass dies ein Versagen der Anwendbarkeit der obigen Wahl der Koordinaten darstellt, die sich dadurch auszeichnen, dass die Metrik nicht von der Zeit t abhängt und für große Abstände r vom Massenzentrum in den flachen Raum der speziellen Relativitätstheorie übergeht, also in die Form von Gl. (4.9). Wir betrachten zunächst nur den Fall, dass der Radius $r > r_g$ ist.

Wir verwenden die im letzten Abschnitt abgeleitete Beziehung der Eigenzeit einer in der Metrik (4.43) am Radius r ruhenden Uhr τ zu der Koordinatenzeit t, die dem Zeitablauf einer Uhr entspricht, die sich weit weg von der Masse im schwerkraftfreien Raum befindet,

$$d\tau = dt \cdot \sqrt{1 - r_g/r}. \quad (4.44)$$

Nach dieser Beziehung geht die Uhr im Gravitationsfeld um den Faktor $\sqrt{1 - r_g/r}$ *langsamer* als die entfernte Uhr. Entsprechend verlangsamt sich die Frequenz von Schwingungen von elektromagnetischen Wellen, die sich vom Radius r zum entfernten Beobachter ausbreiten. Die Schwarzschild-Metrik beschreibt also eine gravitative Rotverschiebung.

Wir werden nun die entsprechende Formel aus der Geodätengleichung für radial sich von der Quelle ausbreitende Photonen aufschreiben. Das ergänzt die bisher auf dem Äquivalenzprinzip basierende Begründung der gravitativen Rotverschiebung. Wir werden die Gleichung für die Entwicklung der zeitlichen Komponente v^0 der

Vierergeschwindigkeit von Photonen lösen, was äquivalent ist zur Ausbreitungsgleichung der Normalen von sich radial ausbreitenden Lichtwellen:

$$\frac{dv^0}{d\sigma} + \Gamma^0_{ij} v^i v^j = 0. \tag{4.45}$$

Wir bezeichnen mit den Indizes 0, 1, 2 und 3 die Koordinaten ct, r, θ und ϕ. Radiale Ausbreitung heißt, dass $v^2 = v^3 = 0$ ist. Die Bestimmung der Christoffel-Symbole erfolgt etwa durch direktes Einsetzen der Metrik (4.43) in die Definitionsgleichung (4.28), oder mit der im letzten Abschnitt vorgeführten Variationsableitung für eine allgemeine kugelsymmetrische Diagonalmetrik. Wir verwenden die Abkürzung $f = 1 - r_g/r$ für die Metrik-Komponente g_{00} und finden ein einziges Element der Christoffel-Smbole, das in Gl. (4.45) beiträgt, nämlich $\Gamma^0_{01} = \Gamma^0_{10} = (df/dr)/(2f)$. Wir haben also die Gleichung

$$\frac{dv^0}{d\sigma} + \frac{1}{f}\frac{df}{dr} v^0 v^1 = 0 \tag{4.46}$$

zu lösen (der Faktor 1/2 verschwindet, da zwei identische Summanden auftreten). Der entscheidende Schritt zur Lösung ist die Hilfsbeziehung

$$\frac{df}{dr} v^1 = \frac{df}{dr}\frac{dr}{d\sigma} = \frac{df}{d\sigma}, \tag{4.47}$$

der radiale Gradient der Funktion f wird also durch die Ableitung längs der Bahn ersetzt, und die Komponente v^1 ist eliminiert. Nach Division durch v^0 lautet dann die Gl. (4.46)

$$\frac{d\ln v^0}{d\sigma} + \frac{d\ln f}{d\sigma} = 0, \tag{4.48}$$

also $\ln v^0 + \ln f = $ const, oder $v^0 \propto 1/f$. Für die Energie E der Photonen zum Quadrat gilt dann $E^2 \propto g_{00}(v^0)^2 \propto 1/f$. Da andererseits $E = h\nu$ mit der Frequenz ν ist, finden wir $\nu \propto f^{-1/2} = (1 - r_g/r)^{-1/2}$. Die Änderung der Frequenz bei der radialen Lichtausbreitung zwischen den Radien r_1 und r_2 ist also gegeben durch

$$\frac{\nu(r_1)}{\nu(r_2)} = \sqrt{\frac{1 - r_g/r_2}{1 - r_g/r_1}}, \tag{4.49}$$

und im Spezialfall $r_2 \gg r_1 > r_g$ ergibt sich die aus der oben angegebene Formel
Gl. (4.44) folgende Formel für die gravitative Rotverschiebung (und Frequenzver-
größerung) von Lichtwellen oder Photonen,

$$\nu(r_2) = \nu(r_1)\sqrt{1 - \frac{r_g}{r_1}}. \tag{4.50}$$

Hier ist $\nu(r_1)$ die emittierte Frequenz einer Spektrallinie im Schwerefeld der Masse
M (oder des Gravitationsradius r_g) und $\nu(r_2)$ die vom fernen Beobachter gemessene
Frequenz des Lichtes im schwerefeldfreien Raum. Die Photonen müssen Energie
abgeben, um sich aus dem Schwerefeld zu entfernen. Dabei werden sie nicht langsamer wie in der nichtrelativistischen Physik normale Probekörper, sondern sie behalten
die Lichtgeschwindigkeit bei, verkleinern aber ihre Frequenz, und damit verbunden,
vergrößert sich umgekehrt die Wellenlänge.

Jetzt bleibt uns aber noch die Frage nach der physikalischen Bedeutung des
Gravitationsradius. Eine unmittelbare arithmetische Konsequenz aus Gl. (4.50) ist,
dass die Photonen in der Grenze $r_1 \to r_g$ ihre gesamte Energie verlieren und
also unendlich rotverschoben werden. Anschaulich nach Gl. (4.44) vergehen zwischen den Phasen der auslaufenden Welle beim Empfang unendlich lange Zeitintervalle. Der entfernte Beobachter wird durch die Zeitdehnung nichts mehr von der
Schwarzschild-Fläche $r = r_g$ erfahren. Alle Prozesse werden im Zeitmaßstab t des
entfernten Beobachters unendlich gedehnt.

Wir können dieses Verhalten studieren, wenn wir die Radialkoordinate r durch
die Koordinate r' ersetzen, die sich bei der Annäherung an den Gravitationsradius r
genau wie die Zeitintervalle dehnt. Wir betrachten dazu die radiale Lichtausbreitung
in Gl. (4.43), also $ds = d\theta = d\phi = 0$,

$$\frac{dr}{cdt} = \pm\left(1 - \frac{r_g}{r}\right),$$

wobei das positive Vorzeichen für auslaufendes Licht und das negative Vorzeichen
für einlaufendes Licht steht. Diese Differentialgleichung kann elementar integriert
werden,

$$\pm ct = r + r_g \ln(r - r_g) + \text{const.}$$

Wir setzen const $= -r_g \ln r_g + ct_0$ und erhalten

$$\pm c(t - t_0) = r + r_g \ln\left(\frac{r}{r_g} - 1\right) \equiv r'. \tag{4.51}$$

Die so definierte Tortoise-Koordinate r' (nach dem Zenon-Gleichnis von Achill und der Schildkröte) berücksichtigt, dass bei der Annäherung an den Schwarzschild-Radius die Zeit immer langsamer zu ticken scheint, dementsprechend werden die Schrittweiten im Radius immer mehr gedehnt und der Bereich $r_g < r < \infty$ wird in den Bereich $-\infty < r' < \infty$ abgebildet. Damit schreibt sich die Schwarzschild-Metrik Gl. (4.43) als

$$ds^2 = \left(1 - \frac{r_g}{r}\right)(c^2 dt^2 - dr'^2) - r^2(d\theta^2 + \sin^2\theta d\phi^2). \tag{4.52}$$

Hier treten keine Unendlichkeiten der Metrik mehr auf, aber der Koordinatenbereich erfasst immer noch nur den Bereich außerhalb der Schwarzschild-Sphäre $r = r_g$.

Deshalb gehen wir noch einen Schritt weiter und nutzen jetzt die radialen Nullgeodäten, die wir als Lösung der Geodätengleichung gewonnen haben, um mit Hilfe dieser Koordinaten den Bereich der Anwendbarkeit der Schwarzschild-Metrik zu erweitern. Die radialen Lichtwege erhalten wir durch die Forderung $ds^2 = 0$. Die Lösung sind die Beziehungen

$$u = t - r', \qquad v = t + r'. \tag{4.53}$$

Ihre Bedeutung ist sofort anschaulich: $v = $ const beschreibt einlaufende und $u = $ const auslaufende Lichtstrahlen. Transformieren wir die Schwarzschild-Metrik auf die Koordinaten v und r, dann folgt

$$ds^2 = \left(1 - \frac{r_g}{r}\right)dv^2 - 2dv dr - r^2(d\theta^2 + \sin^2\theta d\phi^2). \tag{4.54}$$

Diese Form der Schwarzschild-Metrik wird nach den Urhebern als Metrik in *Eddington-Finkelstein-Koordinaten* bezeichnet. Aus der Form ist sofort ersichtlich, dass $v = $ const radiale Null-Geodäten repräsentiert. Wenn wir noch eine angepasste Zeitvariable $t' = v - r$ definieren, so sind die einlaufenden Nullgeodäten $v = $ const in den Koordinaten r und t' Geraden $ct' = -r + v$, die auslaufenden Null-Geodäten lauten $r' = u - 2r_g \ln |r/r_g - 1| - r$. Hier haben wir im Logarithmus Betragszeichen eingeführt, denn wir interpretieren die Schwarzschild-Metrik jetzt im ganzen Raum $0 < r < \infty$. Die Null-Geodäten $u = $ const laufen mit wachsender Zeit t' nur im Bereich außerhalb der Schwarzschild-Fläche nach Außen, im Innern $0 < r < r_g$ nähern sich alle Null-Geodäten dem Zentrum, r fällt ab. Dies ist in Abb. 4.3 dargestellt.

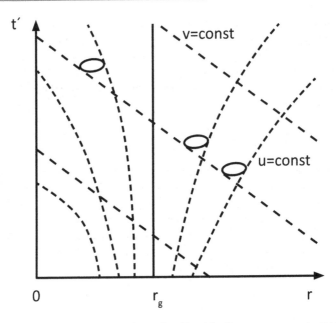

Abb. 4.3 Schwarzschild-Geometrie im vollen Bereicht $0 < r < \infty$ in Eddington-Finkelstein-Koordinaten. Eingezeichnet sind auch die Null-Geodäten $u = $ const und $v = $ const sowie symbolisch die Vorwärts-Lichtkegel mit einer der hier unterdrückten Winkel-Koordinaten

Zusätzlich zu den Null-Geodäten $u = $ const und $v = $ const haben wir noch die Zukunftslichtkegel längs einer einlaufenden Null-Geodäte eingezeichnet. Es zeigt sich, dass die Schwarzschild-Sphäre $r = r_g$ selbst eine Null-Fläche darstellt, dass *alle Geodäten*, die Weltlinien von frei fallenden Photonen oder Massenpunkten, die Schwarzschild-Fläche nur nach Innen durchdringen können. Es handelt sich um eine *Einweg-Membran* oder einen *Horizont*. Die physikalische Interpretation dieses Verhaltens ist einfach: Ab dem Schwarzschild-Horizont wird die Gravitationsanziehung der Masse so groß, dass kein Entweichen von der Anziehung der Masse mehr möglich ist. Es handelt sich um ein Schwarzes Loch, auf das Masse und Licht nur einströmen können. Die Massen erreichen nach endlicher Eigenzeit den Punkt $r = 0$ (die Eigenzeit von Gl. (4.5) ist die Zeit, die eine mitbewegte Uhr anzeigt), oder sie treffen auf die Oberfläche eines Objektes, dass selbst auf das Schwerezentrum fällt, zum Beispiel auf einen kollabierenden Stern.

Der ferne Beobachter bemerkt von diesem Einfall immer weniger, denn die Frequenzen aller auslaufender Photonen werden bei der Annäherung der Strahlungsquelle an den Schwarzschild-Radius unendlich gedehnt, sie werden unendlich rotverschoben. Damit verzögern sich auch die Ankunftszeiten immer mehr. Die gravitative Rotverschiebung ist verantwortlich für diese Abschnürung aller Informationen vom Geschehen innerhalb des Schwarzschild-Radius. Ein vorsichtiger Beobachter kann also nur interpretieren, dass alle Kenntnisse von dem Einfall verloren gehen und er nichts mehr über das weitere Schicksal eines auf das Schwarze Loch fallenden Objektes aussagen kann.

Zur formalen Ergänzung sei noch angemerkt, dass die volle Schwarzschild-Metrik auch interpretiert werden kann in den Koordinaten r' und in der auslaufenden Nullgeodäten $u = $ const. Es sei aber darauf hingewiesen, dass die so *vervollständigte* Schwarzschild-Geometrie ein global anderes Raum-Zeit-Gebiet erfasst als das in Gl. (4.54) beschriebene.

Wir geben noch die Form der Schwarzschild-Metrik in den in Abb. 4.3 gezeichneten Koordinaten t' und r an:

$$ds^2 = \left(1 - \frac{r_g}{r}\right) c^2 dt'^2 - 2\frac{r_g}{r} dt' dr - \left(1 + \frac{r_g}{r}\right) dr^2 - r^2 d\omega^2. \qquad (4.55)$$

Wieder treten Nichtdiagonalelemente auf, aber die Metrik ist im ganzen Bereich $0 < r < \infty$ regulär. Im Gravitationszentrum $r = 0$ divergieren die Gravitationspotentiale. Diese Unendlichkeiten sind nicht der Kugelsymmetrie geschuldet, sondern im Rahmen der Allgemeinen Relativitätstheorie unvermeidlich. Ein Gravitationskollaps in ein sich divergent verzerrendes Gravitationsfeld ist im Rahmen der klassischen, nicht-quantisierten Gravitationstheorie nicht aufhaltbar.

Schwarze Löcher mit ihren Horizonten werden heute im Kosmos beobachtet und sind für die Interpretation von astronomischen Erscheinungen relevant. sie entstehen als Überreste vom Gravitationskollaps von massereichen Sternen. Das sind in der Regel Sterne, die mehr als zehn Mal so schwer wie unsere Sonne sind, die aber wegen ihrer großen Helligkeit in weniger als 30 Mio. Jahren ausgebrannt und in gewaltigen Supernovae-Explosionen zu massereichen Schwarzen Löchern zusammenstürzen. Wir gehen davon aus, dass alle Sternleichen über etwa drei Sonnenmassen solche Schwarzen Löcher darstellen. Solche Objekte fallen vor allem durch ihre unregelmäßigen Emissionen von Röntgenstrahlung auf, die beim variablen Einfall von umgebenden Gasmassen beim Sturz auf die Schwarzschild-Sphäre emittiert wird. In einigen Emissionslinien konnte auch die gravitative Rotverschiebung nachgewiesen werden. Bei der Kollision von Schwarzen Löchern werden

Gravitationswellen emittiert, die mit Interferenz-Detektoren gemessen werden. Auch dabei wird die gravitative Rotverschiebung nachgewiesen. Es ist aber zu beachten, dass im Allgemeinen die Schwarzen Löcher rotieren und dann nicht mehr durch die einfache Form der Schwarzschild-Metrik (4.43) beschrieben werden.

Neben Schwarzen Löchern als Endphasen der Sternentwicklung beobachten wir auch supermassive Schwarze Löcher in den Zentren von Galaxien. Unsere eigene Milchstraße beherbergt ein Scharzes Loch von etwa vier Millionen Sonnenmassen. Vermutlich entstanden diese Schwarzen Löcher bei der Herausbildung und dem Wachsen von Galaxien im kosmischen Maßstab. Es ist davon auszugehen, dass alle Galaxien im Kosmos so ein Schwarzes Loch im Zentrum haben. Dies ist zudem noch wichtig für verschiedene Aktivitätserscheinungen in den Sternsystemen, insbesondere für die nicht-thermische Strahlungsemission von Radiogalaxien und von Quasaren. Diese sind wegen ihrer hohen Leuchtkraft bis weit in die Tiefen des kosmischen Raumes beobachtbar. Die Entfernung zu diesen aktiven Galaxien wird dabei durch ein Phänomen bestimmt, das den Inhalt des folgenden abschließenden Abschnittes dieses Bandes bildet.

4.2   Die kosmologische Rotverschiebung

Die Rotverschiebung ist eine zentrale Messgröße in der Kosmologie und bedarf einer sorgfältigen Analyse, vgl. auch Weinberg (2008). Wir werden in diesem Abschnitt also eine weitere Ergänzung der Physik des Doppler-Effektes kennenlernen, die kosmologischen Rotverschiebungen. Diese stellen ebenso wir die gravitative Rotverschiebung ein neues und wichtiges beobachtbares Phänomen dar. Dabei gehen wir wesentlich über die im letzten Abschnitt vorausgesetzte Stationarität der Raum-Zeit hinaus. Dies wird gerade durch die Beobachtung von Rotverschiebungen deutlich. Von der Seite der Theorie wurden in der ersten Hälfte des 20. Jahrhunderts basierend auf der Allgemeinen Relativitätstheorie Weltmodelle aufgestellt, die auf der Basis von einfachen Annahmen ein Bild des Zustands und der Entwicklung des Kosmos aufgestellt haben. Diese sind mit Beiträgen von de Sitter schon 1916, Friedmann in 1922/1924 sowie Lemaître in 1927 verbunden. Diese Namen werden uns in diesem Abschnitt noch verschiedentlich begegnen.

4.2.1   Die Hubble-Relation

Ausgangspunkt der Analyse von kosmologischen Rotverschiebungen war die Beobachtung von Spektren von damals Nebelflecken genannten verwaschenen Himmelsobjekten durch Slipher in den Jahren 1912 bis 1921. Das war ein schwieriges Unterfangen, da der Lichtüberschuss in den flächenhaften Gebilden sich nur wenig von dem Himmelshintergrund abhebt. Es erforderte damals stundenlange Beobachtungen und genaue Nachführung der Teleskope. Interessanterweise wurden Spektrallinien beobachtet, die auch für Sterne der Milchstraße typisch sind. Die Spektrallinien weisen aber im Allgemeinen, mit wenigen Ausnahmen wie etwa dem Andromeda-Nebel, eine Rotverschiebung auf.

In den 1920ern gelang es dann dem Astronomen Hubble, in den Randbereichen dieser Nebelflecke helle Einzelsterne zu identifizieren. Damit gewann er die wichtige, früher schon spekulativ geäußerte Erkenntnis, dass die Nebelfecke Sternsysteme wie unsere Milchstraße darstellen, die wir heute als Galaxien bezeichnen. Bei helligkeitsvariablen Sternen konnte er aus dem Vergleich der absoluten und der scheinbaren Helligkeit auf deren Abstand schließen. 1929 hat er die Slipherschen Rotverschiebungen als klassischen longitudinalen Dopplereffekt gedeutet,

$$z = \frac{\Delta\lambda}{\lambda} = \frac{\lambda_E - \lambda_S}{\lambda_S} = \frac{v_r}{c}. \tag{4.56}$$

Dabei bezeichnen λ_E und λ_S die beobachtete und die emittierte Wellenlänge im Spektrum und v_r die Radialgeschwindigkeit. Die Verschiebung wird also als reine Fluchtgeschwindigkeit gedeutet. Denn die Galaxien sind sehr weit entfernt, sodass keine transversalen Geschwindigkeiten beobachtet werden können, die Nebelflecke haben fixierte Positionen am Himmel. Wichtig ist, dass die Rotverschiebung z nur für positive Differenzen definiert ist. Dem Andromeda-Nebel M 31 mit einer Annäherungsgeschwindigkeit von -300 km/s und noch einer Reihe von Zwerggalaxien um unsere Milchstraße und um M 31 kann also kein z zugeordnet werden.

Mit der Identifikation von Riesensternen in den Nachbargalaxien und deren Entfernungsbestimmung konnte Hubble auch erstmals die typischen Größen der Galaxienabstände angeben. Wir messen diese in der Einheit Parsec, abgekürzt als pc, wobei ein Parsec etwa 3,26 Lichtjahren entspricht. Die Sonne ist etwa 8 kpc vom galaktischen Zentrum entfernt, vom Zentrum der Milchstraße zu deren Sternrand sind es etwa 15 kpc, und der Abstand zu M31 beträgt 780 kpc, der Andromeda-Nebel liegt also weit außerhalb unseres Sternsystems. Die ganze Welt der Galaxien beginnt da aber erst, die Abstände und Rotverschiebungen werden noch viel größer.

Mit den so gemessenen Radialgeschwindigkeiten hat Hubble 1929 sein berühmtes *Hubble-Diagramm* aufgestellt, das die Fluchtgeschwindigkeit v_r über dem Abstand r der Galaxien zeigt, vgl. Abb. 4.4. In dem Diagramm sind alle damals

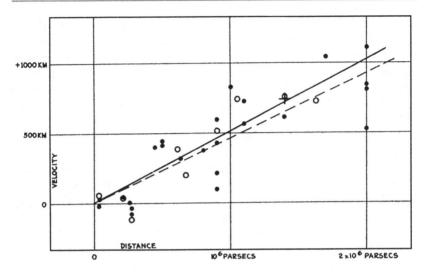

Abb. 4.4 Hubble-Diagramm von 1929 mit 24 Entfernungen und Rotverschiebungen von Galaxien der Sonnenumgebung. Gefüllte Symbole bezeichnen einzelne Galaxien, die offenen zu Gruppen zusammengefasste Systeme

bekannten Abstände und Rotverschiebungen von benachbarten Galaxien erfasst, und die eingezeichneten Ausgleichsgeraden beschreiben das berühmte *Hubble-Gesetz* mit der *Hubble-Konstante* H_0, die lineare Zunahme der Radialgeschwindigkeiten mit den Entfernungen:

$$v_r = H_0\, r \quad \text{mit} \quad H_0 = (70 \pm 2)\ \text{km/s/Mpc.} \tag{4.57}$$

Der Index 0 meint dabei den Wert der Proportionalitätskonstante, wie er heute in unserer kosmischen Umgebung gemessen wurde. Im weiteren werden wir feststellen, dass mit der Berücksichtigung der kosmischen Entwicklung sich der Wert der Proportionalität zwischen Geschwindigkeit und Abstand ändert, in der Vergangenheit war der Wert größer und in Zukunft nimmt er immer noch leicht ab, H ist also eine Funktion der Zeit. In Gl. (4.57) ist der moderne Meßwert für die Hubble-Konstante eingetragen. Der ursprüngliche Wert von Hubble in Abb. 4.4 übertrifft den heutigen Zahlenwert etwa um einen Faktor 8. Die Korrektur bedeutet eine entsprechende Vergrößerung des Maßstabes der x-Achse von Abb. 4.4. Der in Gl. (4.57) angegebene Unsicherheitsbereich des Wertes der Hubble-Konstante ist wesentlich systematischen Unsicherheiten der Entfernungsmessungen geschuldet.

Es ist leicht ersichtlich, dass die Hubble-Konstante die Dimension einer inversen Zeit hat, und wir werden im weiteren zeigen, dass die Größe $1/H_0$ eine Abschätzung für das Weltalter gibt, also die Zeit seit dem Urknall. Damit verbunden gibt die Größe c/H_0 eine Abschätzung für die Strecke, die Licht seit dem Urknall zurücklegen konnte. Wir definieren dann den Abstand c/H_0 als Weltradius, denn er ist von der Größenordnung des Horizontbereiches, von dem wir aus dem als unendlich angenommenen Weltmodell mit Licht Kenntnisse erhalten können. Die genaue Bestimmung dieser Partikel-Horizont genannten Größe werden wir im folgenden Unterabschnitt noch angeben.

In der modernen Astronomie werden Hubble-Diagramme über einen viel größeren Bereich gezeichnet, beispielsweise für Supernovae in Galaxien, die als Entfernungsindikatoren dienen, vgl. Abb. 4.6. Dabei wird gewöhnlich das Diagramm gespiegelt, mit der Abzisse als Rotverschiebung und der Ordinate als Entfernungsmaß, im Allgemeinen dabei dem sogenannten Entfernungsmodul, der durch den Logarithmus der radialen Entfernung gegeben ist. Mit dem Logarithmus der Rotverschiebung entsteht dabei wieder eine bei kleinen Rotverschiebungen lineare Beziehung, aber der Wert der Hubble-Konstante bestimmt sich aus der relativen Lage der Skalen, nicht aus der Steigung der Geraden. Mit Supernovae erreichen wir etwa $z \approx 3$. Dann ist die in Gl. (4.56) angegebene Deutung als Doppler-Effekt offensichtlich nicht mehr anwendbar. Wir müssen noch einmal die Allgemeine Relativitätstheorie bemühen und gelangen zu einem neuen Verständnis der *kosmologischen Rotverschiebung*.

Zunächst wollen wir mögliche Mißverständnisse in Bezug auf die obige Hubble-Relation (4.57) ausräumen. Die lineare Zunahme der Geschwindigkeit, mit der sich Galaxien von der Milchstraße entfernen, wird über die Himmelskugel isotrop beobachtet. Das bedeutet zwar, dass sich alle Galaxien von uns mit wachsender Geschwindigkeit entfernen, aber dass wir trotzden nicht ein Zentrum dieses Expansionsphänomens bilden. Dazu schreiben wir das Expansionsgesetz als Vektorgleichung im gewöhnlichen dreidimensionalen Raum,

$$\mathbf{v} = H_0 \, \mathbf{r}. \qquad (4.58)$$

Dies beschreibt die Beobachtungen um den am Ursprung $\mathbf{r} = 0$ angenommenen Beobachter. Betrachten wir jetzt einen benachbarten Beobachter im Abstand $\mathbf{r}_E$. Gehen wir dazu in ein Bezugssystem mit dem Zentrum bei E (der extragalaktische Beobachter) über mit der Transformation $\mathbf{r}' = \mathbf{r} - \mathbf{r}_E$, so misst dieser Beobachter auf Grund der Addition der Geschwindigkeiten in der klassischen nichtrelativisti-

schen Physik eine Geschwindigkeit (wir lassen hier den Index 'r' weg, denn die
Vektorgleichung (4.58) beschreibt genau nur radiale Geschwindigkeiten)

$$\mathbf{v}' = \mathbf{v} - \mathbf{v}_E = H_0\mathbf{r} - H_0\mathbf{r}_E = H_0\mathbf{r}', \qquad (4.59)$$

also genau die identische Hubble-Expansion in den gestrichenen Koordinaten wie
der ursprüngliche Beobachter. Das lineare Hubble-Gesetz garantiert also gerade,
dass es keinen ausgezeichneten Punkt im Expansionsgeschehen des kosmologischen
Modells gibt. Jeder Beobachter misst das gleiche Expansionsgesetz. Wir sagen, das
kosmologische Modell ist homogen. Natürlich gilt eine solche lineare Geschwin-
digkeitsaddition nur für kleinere Abstände, solange die radialen Geschwindigkeiten
klein gegen die Lichtgeschwindigkeit sind, $v_{rad} \ll c$.

Die von Einstein eingeführte Homogenität und Isotropie der Weltmodelle, auch
als *kosmologisches Prinzip* bezeichnet, bleibt in der relativistischen Behandlung
erhalten, auf die wir im weiteren noch eingehen, um die physikalisch konsequente
Interpretation der kosmologischen Rotverschiebung zu begründen.

Wir nutzen aber zuvor noch einmal die lokale nichtrelativistische Approximation
und studieren das Expansionsverhalten unter dem Einfluß einer als räumlich konstant angenommen kosmischen Massendichte ρ. Allerdings lassen wir zu, dass die
Massendichte sich zeitlich ändert. Die Annahme der homogenen Massendichte ist
auf großen kosmischen Distanzen gerechtfertigt, sobald wir über die lokale Klum-
pung der Galaxien mitteln, etwa auf Abständen von über 30 Mpc. Es sei angemerkt, dass dort die Expansionsgeschwindigkeit nach dem Hubble-Gesetz bereits
21.00 km/s beträgt, immer noch weniger als ein Hundertstel der Lichtgeschwindigkeit. Unsere Approximation kleiner Geschwindigkeiten bleibt also noch gültig.

Wir betrachten wieder einen Punkt im Abstand r vom Bezugspunkt im Zentrum
$r = 0$, lassen aber den Index E weg, denn uns interessiert das lokale Expansionsverhalten am Bezugspunkt in Beziehung zum Abstand des Nachbarpunktes r,
insbesondere dessen zeitliche Änderung $r(t)$. Auch verwenden wir wegen der oben
beschriebenen Isotropie Kugelkoordinaten um den Ursprung. Dann ist der Radius
r nicht mehr ein Vektor, sondern eine skalare Größe.

Auf den betrachteten Punkt wirkt dann die Anziehung der gesamten Masse
der Kugel mit Radius r, während der Bereich außerhalb des Radius nach dem
Newtonschen Gravitationsgesetz keine Schwerewirkungen hat. Es ist leicht zu zeigen, dass sich dort diametral gegenüberliegende Massenelemente in ihrer Gravitationswirkung aufheben. Auf den Nachbarpunkt wirkt also eine Beschleunigung
$g = 4\pi G\rho r/3$. Dabei haben wir die Zunahme des Kugelvolumens mit r^3 und
die Abnahme der Beschleunigung mit r^{-2} berücksichtigt. G bezeichnet wieder die
Newtonsche Gravitationskonstante. Das Bewegungsgesetz lautet also

$$\frac{d^2 r}{dt^2} = -\frac{4\pi G}{3}\rho r. \tag{4.60}$$

Wir nehmen jetzt an, dass die kosmische Massendichte bei der zeitlichen Änderung des Abstandes r sich wie $\rho \propto r^{-3}$ verhält, also keine Masse verloren geht. Dies ist für die durch Galaxien dominierte Massenverteilung, die auch die umgebenden Halos dunkler Materie einschließt, vernünftig. Die Gleichung (4.60) kann einmal integriert werden, wenn wir beide Seiten mit dr/dt multiplizieren:

$$\left(\frac{dr}{dt}\right)^2 = \frac{8\pi G}{3}\rho r^2. \tag{4.61}$$

Dabei entsteht eine Integrationskonstante, die wir weggelassen haben. Die einzige Begründung hierfür ist die Beobachtung der kosmischen Entwicklung. Diese zeigt, dass hier kein Zusatzterm notwendig ist, der mit einer von Einstein in Betracht gezogenen räumlichen Krümmung des kosmologischen Modells verbunden wäre. Die durch die Gl. (4.61) beschriebenen kosmologischen Modelle heißen Einstein-de Sitter-Modelle, die entsprechende Geometrie der Raum-Zeit wird durch Gl. (4.62) im folgenden Abschnitt beschrieben.

Allerdings zeigen die Messungen auch, dass ein Zusatz auf der rechten Seite in der Beschleunigungsgleichung (4.60) auftritt, ein Term $\Lambda c^2 r/3$ mit Einsteins berühmter kosmologischer Konstante Λ, also einer Modifikation der Allgemeinen Relativitätstheorie. Diese Konstante Λ hat die Dimension eines inversen Längenquadrates, beobachtungsmäßig ist ihre Größe vergleichbar mit dem Kehrwert des Quadrates des Weltradius c/H_0. Wir werden auf diese Messungen noch eingehen.

4.2.2 Die Friedmann-Lemaître-Modelle

Wir haben mit den Gl. (4.60) und (4.61), wenn wir die kosmologische Konstante mit einschließen, bereits aus der Newtonschen Gravitationstheorie die Grundgleichungen abgeleitet, die die Entwicklung unseres Kosmos beschreiben. Ausgangspunkt war einzig das lineare Hubble-Gesetz als Grund für die Annahme, dass sich die Abstände zwischen Galaxien zeitlich verändern, $r = r(t)$, genauer, dass diese Abstände zunehmen und wir ein Weltmodell zur Beschreibung verwenden müssen, das expandiert. Dieses grundlegende Konzept wurde historisch bereits vor Hubble in Weltmodellen vorweggenommen, die Friedmann und Lemaître aufgestellt haben. Die Beschreibung fußt dabei auf Einsteins kosmologischem Prinzip eines homogenen und isotropen Ortsraumes, der homogen und isotrop expandiert. Wir nehmen jetzt weiter die oben zitierte Beobachtungstatsache an, dass der Ortsraum flach ist, also eine euklidische Geometrie besitzt. Dann können wir die dem kosmologischen Modell zugrundeliegende Metrik schreiben als

$$ds^2 = c^2 dt^2 - a^2(t)\left((dx^1)^2 + (dx^2)^2 + (dx^3)^2\right). \qquad (4.62)$$

Hier haben wir zur Vereinfachung kartesische Koordinaten verwendet, und die Abstände zwischen Galaxien werden durch $r = a(t)x^1$ oder in den anderen Koordinaten x^2 und x^3 beschrieben. Der dimensionslose Zeitfaktor $a(t)$ heißt Skalenfaktor. Er beschreibt, wie in dem kosmologischen Modell sich alle Skalen isotrop vergrößern oder verkleinern. Dabei ist es eine Konsequenz der Beobachtung Hubbles, dass heute der Kosmos expandiert, $a(t)$ also wächst. Aus der dynamischen Gl. (4.61) folgt dann sogar, dass diese Funktion auch in der Vergangenheit immer angewachsen ist und der Anstieg sogar immer größer wurde. In unserem Weltmodell begann die Expansion mit einem Urknall, bei dem der Skalenfaktor den Wert $a = 0$ hatte.

Moderne Beobachtungen belegen zudem, dass die Expansionsbewegung sogar beschleunigt erfolgt. Dann werden entfernte Galaxien sich immer schneller von uns entfernen und mit zunehmender Rotverschiebung sogar aus unserem Sichtbarkeitsbereich verschwinden. Diese Eigenschaft beschreiben wir anschaulich als Existenz eines sogenannten Ereignishorizontes ganz in Analogie zu dem Horizont um die Schwarzen Löcher in Abschn. 4.1.3. Die Beschleunigung ist heute die Begründung für die Einführung der kosmologischen Konstante in die Entwicklungsgleichungen.

Zur Ableitung der kosmologischen Rotverschiebung betrachten wir jetzt wieder die Lichtausbreitung in der Metrik (4.62). Wir betrachten aus Symmetriegründen die Ausbreitung in einer Ebene $x^2 = x^3 = 0$ und berücksichtigen nur die 0-Komponente der Geodätengleichung für Licht (4.29). Wir benötigen nur ein Christoffel-Symbol

$$\Gamma^0_{11} = a\frac{da}{cdt} \equiv \frac{a^2}{c}H(t). \qquad (4.63)$$

Dabei haben wir die Abkürzung $H(t) = d\ln a(t)/dt$ für die logarithmische Ableitung des Skalenfaktors nach der Zeit eingeführt. Aus der Beziehung für die Rotverschiebung wird in wenigen Zeilen ersichtlich, dass der Wert dieser Funktion zum gegenwärtigen Zeitpunkt t_0 gerade den Wert der Hubble-Konstante aus Gl. (4.57) angibt.

Die Geodätengleichung ist nun eine Gleichung für die Vierervektoren der Photonen $v^i = (cdt/d\sigma, dx^1/d\sigma, 0, 0)$ mit dem affinen Parameter σ:

$$c \frac{d^2t}{d\sigma^2} + a \frac{da}{cdt} \left(\frac{dx^1}{d\sigma} \right)^2 = 0. \tag{4.64}$$

In diese Beziehung setzen wir die Bedingung ein, dass der Vierervektor v^i ein Null-Vektor ist (er liegt auf dem Lichtkegel), d. h. es gilt $cdt = adx$, und wir erhalten (nach Kürzen eines Faktors c)

$$\frac{d^2t}{d\sigma^2} + \frac{1}{a} \frac{da}{dt} \left(\frac{dt}{d\sigma} \right)^2 = 0. \tag{4.65}$$

Diese Riccatische Differentialgleichung wird elementar gelöst durch

$$v_0 = \frac{dt}{d\sigma} = \frac{v_0}{a}. \tag{4.66}$$

Dabei ist v_0 eine Konstante, die wir mit der Frequenz der Photons zur Zeit t_0 identifizieren, wenn das Photon emittiert wird. Gl. (4.66) zeigt also, dass längs der Photonenbahn die Null-Komponente der Vierergeschwindigkeit und damit die Frequenz der Lichtwelle abfällt. Da Frequenz und Wellenlänge zueinander invers sind, erhöht sich also die Wellenlänge der Photonen bei der Expansion,

$$\frac{\lambda_E}{\lambda_S} = \frac{a_E}{a_S}. \tag{4.67}$$

Mit dem Skalenfaktor $a(t)$ vergrößern sich also nicht nur die Abstände zwischen den Galaxien, sondern auch die Wellenlängen der zwischen den Galaxien sich ausbreitenden Lichtwellen. Es ist üblich, dem gegenwärtigen Wert des Skalenfaktors den Wert Eins zuzuweisen, also $a(t_0) = 1$ zu setzen, wobei t_0 das gegenwärtige Weltalter bezeichnet. Dann gilt mit der kosmologischen Rotverschiebung z von Gl. (4.56)

$$z = \frac{1}{a} - 1. \tag{4.68}$$

Die Rotverschiebung misst also direkt den Wert des Skalenfaktors zu dem Zeitpunkt, wenn das Licht von kosmischen Quellen zu uns emittiert wird. In Abb. 4.5 haben wir

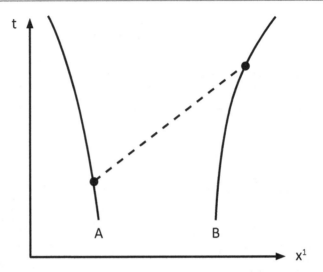

Abb. 4.5 Raum-Zeit-Diagramm der beschleunigten kosmologischen Entwicklung. In horizontaler Richtung ist eine Raumkoordinate gezeichnet, in vertikaler Richtung die kosmologische Zeit. Die Einheiten auf den Achsen sind willkürlich. Die mit A und B angezeigten auseinander driftenden Linien stellen die Weltlinien von zwei Galaxien dar, deren Abstand sich, wie beobachtet, beschleunigt vergrößert. Die diagonale gestrichelte Linie stellt die Weltlinie eines Lichtsignals von A nach B dar

diese konsequente Interpretation der kosmologischen Rotverschiebung illustriert. Die Deutung als Dopplereffekt $z = v_r/c$ im expandierenden Universum ist nur auf kleinen Skalen korrekt, solange $v_r \ll c$ gilt. Mit modernen Methoden werden heute Werte der kosmologischen Rotverschiebung weit über Eins beobachtet, wie im folgenden Unterabschnitt gezeigt wird.

4.2.3 Die kosmologische Entwicklung

In der heutigen beobachtenden Kosmologie als Wissenschaft vom Universum als Ganzem und auf großen Skalen werden routinemäßig von extragalaktischen Beobachtungsobjekten zur Entfernungsbestimmung aus den Spektren die Rotverschiebungen bestimmt.

In Tab. 4.2 sind einige Werte von typischen Rotverschiebungen angegeben. Dabei fehlt der z-Wert für den Andromeda-Nebel M 31, denn dieser bewegt sich auf die

Tab. 4.2 Kosmologische Rotverschiebung

Objekt	v_{rad}	Rotverschiebung	Alter
	in km/s	z	in Ga
M31	-300		13,8
Virgo-Galaxienhaufen	1200	0,004	13,8
Kosmische Strömungen	15.000	0,05	12,8
Übergang Beschleunigung		1,7	3,8
Lyman-Alpha Wald		2–6	3–1
Supernovae		bis 3	2
Fernste Galaxien		10	0,5
3K-Strahlung		1100	380.000 a

Milchstraße zu. Lokal existieren im Kosmos überdichte und unterdichte Bereiche, wobei durch die Gravitationswirkung die Materie auf überdichte Gebiete zufällt und aus unterdichten Gebieten herausströmt. Diese sogenannten Pekuliargeschwindigkeiten sind der normalen Hubble-Expansion überlagert und führen zu Abweichungen vom normalen Hubble-Fluß.

Der Virgohaufen ist ein benachbarter Galaxienhaufen mit Tausenden von Galaxien auf einem Volumen von etwa 2 Mpc Radius, der sich immerhin schon mit 1200 km/s von uns entfernt. Dabei sind die Mitglieder-Galaxien an das gemeinsame Überdichtefeld des Haufens gebunden und nehmen an der gemeinsamen Fluchtgeschwindigkeit teil. Allerdings gibt es auch hier Pekuliargeschwindigkeiten, die bis zu 1000 km/s betragen, also in die Größenordnung der Expansionsgeschwindigkeit kommen.

Die kosmischen Strömungen betreffen nahe Galaxien bis zu Rotverschiebungen von etwa $z = 0,05$, bei denen wir ähnlich wie bei Hubble unabhängig voneinander die Rotverschiebung und direkt die Entfernung bestimmen können. Dabei ist die Entfernungsbestimmung die kompliziertere Beobachtungsaufgabe. Aus den Abweichungen von dem gleichmäßigen Hubble-Fluß können wir auf die für die Pekuliargeschwindigkeiten verantwortlichen Dichtefelder schließen und ein dreidimensionales Bild der kosmischen Strömungsfelder rekonstruieren.

Der sogenannte Lyman-Alpha Wald betrifft Messungen von gasförmiger Materie im Raum zwischen den Galaxien, wo ein kleiner Anteil von neutralem Wasserstoff

zu Absorptionslinien in Spektren von ferneren Quellen, vorwiegend von Quasaren, führt. Diese sind in irdischen Teleskopen erst für Rotverschiebungen $z > 2$
beobachtbar, da für kleine z die Spektrallinie im Ultravioletten liegt, die von der
Atmosphäre absorbiert wird. Bei $z \approx 6$ endet die Beobachtung dieser Absorptions-
wolken, da dann der Wasserstoff neutral und damit der Kosmos undurchsichtig für
UV-Strahlung wird. In den früheren Phasen der kosmischen Entwicklung gab es
noch nicht genug Quellen von ionisierender Strahlung für das kosmische Gas.

Fernste Galaxien und Quasare werden allerdings noch bei einer Rotverschiebung
über $z = 10$ gefunden, was aber wegen der Entfernung und der damit und der mit
der Rotverschiebung verbundenen Schwächung der empfangenen Lichtintensität
moderne Großteleskope verlangt.

Ein noch extremerer Eintrag in die Tabelle der kosmologischen Rotverschiebungen betrifft die kosmologische Hintergrundstrahlung. Diese entspricht einer
Schwarzkörperstrahlung mit einer Planck-Verteilung entsprechend einer Temperatur von 2,7 K. Dabei bezieht sich jetzt die Rotverschiebung auf die Form des
Spektrums, denn es werden keine Spektrallinien mehr beobachtet. Diese hochgra-
dig isotrop auf uns einströmende Strahlung entstand im heißen frühen Universum
bei einer Rotverschiebung von $z \approx 1100$ und etwa 380.000 Jahre nach dem Weltanfang, dem sogenannten Urknall, wobei die andere Zeiteinheit in der letzten Zeile
der Tabelle zu beachten ist.

In den ersten Zeilen sind die Altersangaben in Milliarden Jahren (abgekürzt als
Ga) angegeben, wobei die Zeit seit dem Weltanfang gemessen wird. Die Angabe
von 13,8 Ga meint dann das heutige Weltalter. Zur Begründung dieser Zahlenwerte
müssen wir noch einen kleinen Exkurs in die Entwicklungsgeschichte des kosmologischen Modells werfen. Dieses ist weitgehend durch Beobachtungen begründet
und wird als *kosmologisches Standard-Modell* bezeichnet.

Zur Ergänzung der qualitativ beschriebenen Entwicklungsgeschichte des Kosmos geben wir ausgehend von Gl. (4.61) eine quantitative Begründung der durch die
kosmologische Rotverschiebung gemessenen Entwicklungsschritte an. Grundlage
ist die schon angegebene Definition der Hubble-Funktion als logarithmische Ableitung des Skalenfaktors nach der Zeit, $H(t) = d \ln a(t)/dt$, für die gemäß Gl. (4.61)
gilt

$$H^2 = \frac{8\pi G}{3}\rho + \frac{\Lambda c^2}{3}. \qquad (4.69)$$

Diese Gleichung wird nach ihren Begründern *Friedmann-Lemaître-Gleichung*
genannt. Sie beschreibt das Expansionsverhalten der hier diskutierten kosmologischen Modelle. Wir haben sie hier aus dem lokal geltenden Newtonschen Gravitationsgesetz abgeleitet und ergänzten nur den kosmologischen Term, der zuerst von
Einstein 1917 eingeführt wurde. Eine strenge Ableitung ist natürlich aus den Einsteinschen Gl. (4.37) mit zusätzlichen Λ-Term möglich. Dann wird sich zeigen, dass
auf der rechten Seite alle Materiedichten beitragen, neben der kosmologischen Konstante beispielsweise auch die schon erwähnte Energiedichte der kosmologischen
Hintergrundstrahlung, dividiert durch c^2 für die Umwandlung in eine Massendichte.
Im gegenwärtigen Entwicklungsstadium des Universums ist diese Dichte aber in der
Entwicklungsgleichung vernachlässigbar. Aus der Friedmann-Lemaître-Gleichung
folgt eine die jeweilige Expansionsrate $H(t)$ charakterisierende sogenannte *kritische Dichte* für eine verschwindende kosmologische Konstante:

$$\rho_{crit} = 3H^2/(8\pi G) = 0{,}92 \times 10^{-26}\text{kg m}^{-3} = 1{,}4 \times 10^{11} M_\odot \text{ Mpc}^{-3}.$$

$$(4.70)$$

Die kritische Dichte ist über den Hubble-Parameter $H(t)$ eine Funktion der Zeit. Der
in der Gl. (4.70) angegebene Zahlenwert entspricht der heute gemessenen Hubble-
Konstante von Gl. (4.57). Wir wollen jetzt in Gl. (4.69) die kosmologische Konstante
auch durch eine Dichte ersetzen mit der Definition $\rho_\Lambda = \Lambda c^2/8\pi G$. Für die Größe
$\rho_\Lambda c^2$ ist auch die Bezeichnung Dichte der *Vakuumenergie* gebräuchlich, denn im
Gegensatz zur Massendichte, die mit der Expansion proportional zu a^{-3} abnimmt,
ist diese Dichte nur mit dem Raum, eben dem Vakuum, verknüpft und bleibt zeitlich konstant, $\rho_\Lambda = $ const. Zudem ist aus der Quantentheorie eine Vakuumenergie
bekannt. Wir normieren jetzt die Dichten in Gl. (4.69) mit der kritischen Dichte und
erhalten die sogenannten Dichteparameter

$$\Omega_m = \frac{\rho_m}{\rho_{crit}} \quad \text{und} \quad \Omega_\Lambda = \frac{\rho_\Lambda}{\rho_{crit}} = \frac{\Lambda c^2}{3H^2}. \qquad (4.71)$$

Damit folgt eine einfache Form der Friedmann-Lemaître-Gleichung,

$$H^2 = H_0^2(\Omega_m^0 a^{-3} + \Omega_\Lambda^0). \qquad (4.72)$$

In dieser Beziehung sind die Dichteparameter für die Massendichte und die kosmologische Konstante zum gegenwärtigen Zeitpunkt gemeint, wie der Index 0 angibt. Aus der Vermessung der Hubble-Expansionsrate und aus anderen kosmologischen Beobachtungen, insbesondere der großräumigen Verteilung der Galaxien im Universum und der Messung der winzigen hellen und dunklen Flecken im Himmelshintergrund der 3K-Strahlung, ergeben sich gut bestimmte Werte der beiden, den heutigen Zustand des Kosmos charakterisierenden Dichteparameter, die wir hier nach aktuellen Messungen angeben:

$$\Omega_m^0 = 0{,}31 \pm 0{,}01, \quad \text{und} \quad \Omega_\Lambda^0 = 0{,}69 \pm 0{,}01. \tag{4.73}$$

Wir erinnern an die Definition des Hubble-Parameters als logarithmische Ableitung des Skalenfaktors nach der Zeit, $H(t) = d\ln a(t)dt$. Damit kann die Differentialgleichung (4.72) gelöst werden durch

$$a(t) = \left(\frac{\Omega_m^0}{\Omega_\lambda^0}\right) \sinh^{2/3}\left(\frac{3H_0(\Omega_m^0)^{1/2}}{2}t\right). \tag{4.74}$$

Mit Gl. (4.68) folgt aus dem gegebenen Wert des Skalenfaktors auch die Rotverschiebung, $z = 1/a - 1$. Wichtig für die Interpretation von Beobachtungen ist aber die inverse Relation, die Bestimmung der kosmischen Zeit t, die zu einer gemessenen Rotverschiebung gehört:

$$t = \frac{2}{3H_0(\Omega_m^0)^{1/2}} \operatorname{Arsh}\left[\left(\frac{\Omega_\Lambda^0}{\Omega_m^0(1+z)^3}\right)^{1/2}\right]. \tag{4.75}$$

Diese Beziehung erklärt schließlich die Zeitangaben in unserer Tab. 4.2. Der unter der Bezeichnung *Übergang Beschleunigung* eingetragene Wert meint die Rotverschiebung und die kosmische Zeit, von dem an in der Entwicklungsgleichung der kosmologische Term dominiert und der Skalenfaktor in Gl. (4.74) sich beschleunigt vergrößert, $d^2a/dt^2 > 0$. Das betrifft also uns und die zukünftige kosmologische Entwicklung, jedenfalls nach dem gegenwärtigen Kenntnisstand. In Richtung Vergangenheit wird die kosmologische Hintergrundstrahlung einmal dominieren, denn bei der Expansion leistet der Strahlungsdruck Arbeit und die Strahlungsenergie sinkt mit dem Skalenfaktor proportional zu a^{-4}. Eine äquivalente Beschreibung ist,

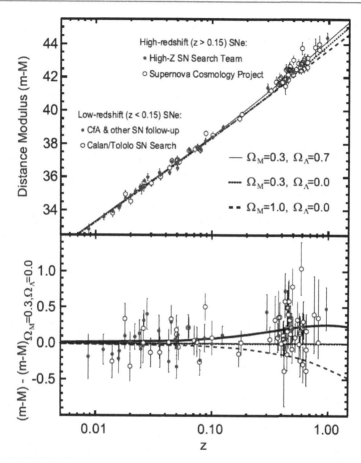

Abb. 4.6 Hubble-Diagramm aus dem Jahr 2003 mit Messwerten von Rotverschiebungen von Supernovae durch verschiedene Beobachtungsgruppen bei kleinen Rotverschiebungen $z < 0,1$ und bei $0,2 < z < 2$. Die Abweichungen von der linearen Beziehung bei hohen Rotverschiebungen resultieren aus der beschleunigten kosmischen Expansion, verursacht durch die kosmologische Konstante. Quelle: S. Perlmutter und M. Schmidt, 2003

dass die Photonen der Hintergrundstrahlung eine Rotverschiebung erfahren. Mit der Expansion des Universums sinkt demzufolge die Temperatur T der Hintergrundstrahlung wie $T \propto 1/a$, es gilt

$$T = T_0(1 + z). \tag{4.76}$$

Dabei beträgt die gegenwärtige Hintergrundtemperatur 2,7 K, was zu einem Beitrag zum Dichteparameter von nur 5×10^{-5} K führt. Zahlenmäßig dominieren die Photonen der Hintergrundstrahlung im großen Mittel allerdings die normalen Atome und Elementarteilchen bei weitem. Die Gl. (4.76) ist die letzte Interpretation der Rotverschiebung im Rahmen des Entwicklungskosmos.

Aus der Grundgleichung der Kosmologie (4.72) folgt noch die Endlichkeit des überschaubaren Universums in der endlichen Zeit t_0 seit dem Urknall, vgl. Gl. (4.75) in der Grenze $z \to \infty$,

$$r_{hor} = \frac{c}{H_0} \int_0^{t_0} \frac{dt}{a(t)}. \tag{4.77}$$

Diese endliche Größe wird als Partikel-Horizont bezeichnet. Dessen Existenz beruht einerseits auf der Endlichkeit des Weltalters seit dem Urknall und andererseits auf der Lichtgeschwindigkeit als Grenzgeschwindigkeit der Signalübertragung.

Die beiden Gl. (4.75) und (4.76) demonstrieren die große Bedeutung der kosmologischen Rotverschiebung in der beobachtenden Kosmologie. Viele Beobachtungen sind darauf ausgerichtet, die Rotverschiebung von kosmischen Objekten zu bestimmen. Dabei wird dann allein aus der Rotverschiebung auf die Entfernung und das Alter der kosmischen Objekte geschlossen. Mit großen Beobachtungsprogrammen werden in weiten Himmelsgebieten von allen Galaxien bis zu einer Grenzhelligkeit Rotverschiebungen gemessen und damit dreidimensionale Karten der Galaxienverteilung erschlossen. Dies bezeichnet man als *Redshift Surveys*, die eine große Bedeutung für die Erkundung der Entwicklung unseres Kosmos haben.

Mit größer werdender Rotverschiebung nähern wir uns dem kosmischen Horizont an, d. h. wir sehen in die Vergangenheit des Kosmos, als es noch keine Galaxien gab, und als die Strahlung schließlich einen heißen und extrem dichten Urknall anzeigte. Die unendliche Rotverschiebung deutet auf den Anfang der kosmischen Zeit, den Urknall. Nur bis zu diesem Zustand können wir die Raum-Zeit mit den Methoden von Einsteins Allgemeiner Relativitätstheorie beschreiben.

Was Sie aus diesem *essential* mitnehmen können

- Den Doppler-Effekt gibt es für jede Wellenbewegung. Er beschreibt die Differenz zwischen einer gesendeten und der empfangenen Frequenz infolge einer Bewegung zwischen Sender und Empfänger.
- Die klassische Theorie des Doppler-Effektes ist durch die Unveränderlichkeit der Uhren und Maßstäbe definiert mit einem Trägermedium der Wellen.
- Die Frequenzverschiebung hängt dann davon ab, ob sich der Sender oder der Empfänger in Bezug auf dieses Trägermedium bewegen.
- Den Unterschied kann man dafür ausnutzen, um einen unbekannten Bewegungszustand des Trägermediums zu bestimmen.
- Eine Emission senkrecht zur Bewegungsrichtung verursacht keine Frequenzänderung: Es gibt keinen klassischen transversalen Doppler-Effekt.
- Die richtige Beschreibung des Doppler-Effektes für das Licht erfordert einen Satz der Spezielle Relativitätstheorie: Die bewegte Uhr geht nach.
- Das hat zur Folge, dass es beim Licht für den Doppler-Effekt ausschließlich auf die Relativbewegung zwischen Sender und Empfänger ankommt.
- Es gibt kein Trägermedium für die Ausbreitung der Lichtwellen.
- Der transversale Doppler-Effekt für das Licht ist die in Frequenzen gemessene Gangverzögerung einer bewegten Uhr.
- In Gravitationsfeldern kommt es zu Rotverschiebungen der Spektrallinien, die über den Doppler-Effekt hinausgehen.
- Dazu geben wir einen Einblick in die Allgemeine Relativitätstheorie. Das Newtonsche Gravitationspotential wird durch eine vierdimensionale Metrik ersetzt.
- In der dadurch definierten Raum-Zeit bewegen sich Teilchen und Licht auf geradesten Bahnen, den Geodäten.
- Die lokale Äquivalenz von Beschleunigung und Schwerkraft bedingt die 1960 bestätigte gravitative Rotverschiebung bei der Lichtausbreitung im Schwerefeld der Erde.

H. Günther and V. Müller, *Doppler-Effekt und Rotverschiebung*, essentials, https://doi.org/10.1007/978-3-658-32336-3

- In statischen oder stationären Gravitationsfeldern beobachten wir eine gravitative Rotverschiebung für von kompakten Quellen ausgesandtes Licht und für Schwarze Löcher einen Ereignishorizont.
- Im Kosmos belegt die kosmologische Rotverschiebung das Anwachsen aller Abstände zwischen den Galaxien mit der kosmischen Zeit.
- Diese Rotverschiebungen sind eine zentrale Messgröße zur Aufklärung der Struktur und Entwicklung des Universums seit dem heißen und dichten Urknall.
- Die Rotverschiebungen kosmischer Quellen bestimmem deren Entfernung vom Beobachter sowie das Alter und die Temperatur des Universums nach dem Urknall.

Literatur

Carroll, S.: *Spacetime and Geometry. An Introduction to General Relativity.* Pearson New International Edition, 2014.

De Sitter, W.: *On Einstein's theory of gravitation and its astronomical consequences.* Mon. Not. R. Astron. Soc. 77, 155, 1916.

Einstein, A.: *Grundzüge der Relativitätstheorie.* Berlin, Heidelberg: Springer 2009. Original 1022.

Einstein, A., Infeld, L., Hoffmann, B.: *The Gravitational Equations and the Problem of Motion.* Princeton: Ann. Math. 39, 65, 1938.

Fließbach, R.: *Allgemeine Relativitätstheorie.* Berlin, Heidelberg: Springer-Spektrum 2016

Fock, V.: *Theorie von Raum, Zeit und Gravitation.* Berlin: Akademie-Verlag 1960.

Friedmann, A.: *Über die Krümmung des Raumes.* Z. Phys. 10, 377, 1922.

Gerthsen, C.: *Physik.* Berlin: Springer-Verlag 2015.

Günther, H.: *Elementary Approach to Special Relativity.* Singapore: Springer-Verlag 2020. Revidierte englische Ausgabe von *Grenzgescheindigkeiten und ihre Paradoxa.* Wiesbaden: Springer-Verlag 1996.

Günther, H., Müller, V.: *The Special Theory of Relativity.* Singapore Springer-Verlag 2019. Revised and extended edition of Günther, H.: Die Spezielle Relativitätstheorie. Wiesbaden: Springer-Verlag 2013.

Günther, H., Müller, V.: *Relativitätstheorie von A bis Z.* Leipzig: Edition am Gutenbergplatz 2013.

Günther, H., Müller, V.: *Allgemeine Relativitätstheorie.* Leipzig: Edition am Gutenbergplatz 2015.

Heinicke, C., Hehl F. W.: *Karl Schwarzschild. Astronomische Bildung und das Schwarze Loch im Zentrum unserer Milchstraße.* in: B. Miele, C. Ritter, Wolf C.: *Nachforschungen der Wahrheit,* Festschrift zum 500-jährigen Jubiläums des Lessing Gymnasiums in Frankfurt am Main, Societäts-Verlag, Frankfurt a. M. 280, 2020.

Hubble, E. P.: *A relation between distance and radial velocity among extragalactic nebulae,* Proc. Nat. Acad. Sci. U.S. 15, 169, 1929

Lorentz, H. A., Einstein, A., Minkowski, H.: *Das Relativitätsprinzip.* Stuttgart: Teubner-Verlag 1958. 1.Auflage 1913.

© Der/die Herausgeber bzw. der/die Autor(en), exklusiv lizenziert durch Springer   67
Fachmedien Wiesbaden GmbH, ein Teil von Springer Nature 2020
H. Günther and V. Müller, *Doppler-Effekt und Rotverschiebung,* essentials,
https://doi.org/10.1007/978-3-658-32336-3

68

Literatur

Lemaître, G.: *Un Univers homogène de masse constante et de rayon croissant rendant compte de la vitesse radiale des nébleuses extra-galactiques*. Annales de la Société Scientifique de Bruxelles, A47, 49, 1927.

Misner, C., Thorne, K., Wheeler, J. A.: *Gravitation*. Freeman 1973.

Perlmutter, S., Schmidt, B. P.: *Measuring Cosmology with Supernovae* in: Ed. Weller, K.: *Supernovae and Gamma Ray Bursts*. Lecture Notes in Physics 595, 195, 2003.

Pound, R. V., Rebka, Jr. G. A.: *Apparent Weight of Photons*. Phys. Rev. Lett. 4, 337, 1960.

Sexl, R. U., Urbantke, H. K.: Gravitation und Kosmologie. Eine Einführung in die Allgemeine Relativitätstheorie. Heidelberg, Berlin: Spektrum Akademischer Verlag 2008.

Stefani, H.: *Allgemeine Relativitätstheorie*. Berlin: Deutscher Verlag der Wissenschaften 1991.

Weinberg, S.: Cosmology. Oxford: University Press 2008.

Printed in the United States
by Baker & Taylor Publisher Services